中国铁道出版社有限公司
CHINA RAILWAY PUBLISHING HOUSE CO., LTD.

图书在版编目（CIP）数据

手账的神奇魔力 / 王霞，杨姗著 . —北京：中国铁道出版社有限公司，2023.6

ISBN 978-7-113-30109-5

Ⅰ.①手…　Ⅱ.①王…②杨…　Ⅲ.①本册　Ⅳ.①TS951.5

中国国家版本馆 CIP 数据核字（2023）第 058008 号

书　　名：手账的神奇魔力
SHOUZHANG DE SHENQI MOLI
作　　者：王　霞　杨　姗

责任编辑：马真真　　**电话：**（010）51873459
装帧设计：闰江文化
责任校对：刘　畅
责任印制：赵星辰

出版发行：中国铁道出版社有限公司（100054，北京市西城区右安门西街 8 号）
印　　刷：河北宝昌佳彩印刷有限公司
版　　次：2023 年 6 月第 1 版　2023 年 6 月第 1 次印刷
开　　本：880 mm×1 230 mm　1/32　**印张：**5.25　**字数：**100 千
书　　号：ISBN 978-7-113-30109-5
定　　价：58.00 元

序言

我能与手账结缘，得益于在互联网时代，我遇到了一位贵人，也遇到了一本关于手账的图书。2016年6月的某个晚上，我听了一堂课，课程老师提及一位企业家，他通过手账规划自己的工作、生活等，从一无所有华丽转身为上市公司的CEO，他同时也出版了一本关于手账的图书。

手账真的有这么神奇吗？带着疑惑，我开启了手账之旅，得到了很多启发。

如人气博主Ada（阿达），她从小学四年级开始养成记录的习惯，现在已经几十年了，她凡事都做笔记，她希望能将手账的快乐分享给身边的每一个人。她与许多热爱手账的伙伴定期召开“活用记事本分享会”，并不断推陈出

新，提出许多活用手账的绝妙点子。

如畅销书作者美崎荣一郎，他用自己的经验告诉读者，如何通过笔记找到窍门，提高工作效率。

还有一些手账达人分享了从手账“小白”一路走来的辛酸历程，告诉读者为什么对手账如此痴迷，以及手账带给他们的帮助。

自从沉浸在手账的世界中，我阅读了大量关于手账的书籍，每年还参加手账集市，在集市中购买自己心仪的手账本、手账胶带、印章等。自从拥有了手账，我每天睡觉前就会做手账，把时间有形化，记录一件件美好的事。

时光飞逝，一晃八年，我也从“小白”成长为八年级手账生。2016年，我第一次用手账记录自己的生活、工作、学习等，在记录的过程中，我从一个忙忙碌碌、没有成果的人成为一个管理“高手”。

大多数人偏向“贪多、求快”，我也不例外，之前没有手账这个“管家”，经常忙得焦头烂额，但一年下来没有任何成果。自从有了手账，我实现了一个个梦想清单，成为自律的人，一年内完成了超乎

想象的任务，连自己都会惊叹，时间就这么多出来了，我达到10倍速成长。手账是我所做的30多个坚持项目中，坚持时间最长的一个。现在，手账已经融入了我的日常生活，成为不可替代的“管家”，而且我立志要一辈子做手账。受益于手账，我实现了人生逆袭，同时也在2016年开始了手账教学工作，影响了数千名伙伴。在制作手账中，大家都受益良多。为了能够把手账传播得更远，让更多人受益，我萌生了把自己的手账感悟写成书的想法，这就是手账书稿的诞生。

本书能够出版，我要特别感谢朋友们为本书提供的宝贵素材，如周婷婷的饮食手账、简悦的健身手账、刘艳的情绪手账、徐华敏的运动手账、甘恩的阅读手账、张铭淏的旅行手账、王湜钰的美食手账、闫肖肖的手账感悟等，以及实用的案例，使本书能够从更多维度去展示它的“管理”作用，让每个人都能根据自身需求增加实用的手账管理事项。

本书中有大量图片呈现，仅仅是让读者对手账有个大致的认识，在阅读中可以有更深入的理解，具体内容需读者根据自身的实际情况进行记录，100 个人可以有 100 种记录方式，这也是手账富有创意的方面。

王　霞

2023 年 2 月

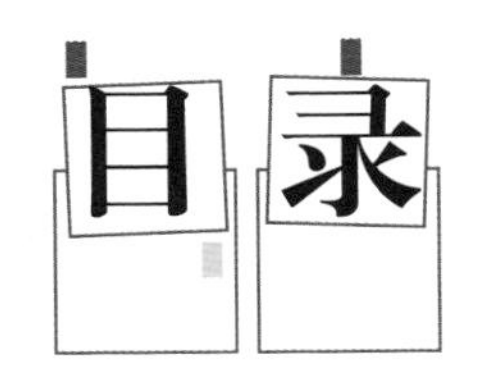

目录

1 爱美人士手账篇

2 生活美学篇

3 工作计划篇

4 学习提升篇

5 个人成长篇

6 手账拍摄篇

1

爱美人士 手账篇

1.1 小红书、B站达人都在用手账

手账，简单表述就是“笔记”，从最初的简单笔记，到现在发展为种类繁多的各种式样。

目前，电子化产品很丰富，如日程App、记账App等，为什么我们还要记手账呢？

因为在电子产品中，万一没有备份，很容易手误删除信息。有了手账，我们可以随时反复翻看，而电子产品的翻阅需要等待一段时间。从更深层面说，手账可以从全面的视角更好地观察自己，更有温度，而电子产品还是有些冷冰冰的。

手账的使用范围很广，有的公司CEO使用手账，通过手账管理，实现了人生的逆袭；有的明星使用手账，通过随身携带的美食手账，记录不同国家和地区的美食，一个月的菜谱可以不重样；也有的学生使用手账，通过手账记录上课及考试时间、行程、心情、成长等；小红书、B站的达人们也用手账记录生活、工作、学习等方方面面，他们把手账拍成了美美的视频。可以说，手账是无门槛的管理工具，通过使用这一工具，我们可以找到学习、生活、工作的节奏，可以遇见同频的手账爱好者，可以发现自己的梦想，可以在手账中列出自己的所有梦想清单。

手账究竟是什么？这是我经常被问到的问题。是要买各种贴纸、便利贴，还有满墙的印章，然后进行创意拼贴完成？为什么你每天都要带着它？说实话，很难用一句话表达清楚。手账绝不

手账内页展示

仅仅是拼贴，用拼贴形容手账还真小看了它。对于我来说，它是帮助我做好人生管理的有力工具，早上做好日计划，晚上对白天的执行情况进行复盘。一直很喜欢一句话——你怎样过一天，就怎样过一生。手账本上的每一页都是我一步步的“脚印”，每完成一本手账，就像是一场电影的落幕。

因为手账，我的生活好像忽然开了许多扇窗，梦想开始向许多方向发散，人生从此变得热热闹闹，我也开始忙得不亦乐乎。

1.1.1 什么是手账

手账说到底就是一个记录的工具。上学的时候，语文老师都会要求我们写日记，其实这一时期的日记也可以称为手账，但手账和日记还是有区别的，我们后面再详细说。工作后，我们在工作日志上每天写的代办清单，也可以称为手账。

“手”代表放在手边，随身携带。“账”代表备忘的小册子。

18 世纪，美国的富兰克林给自己列出了 13 条“自我修炼戒律”——节制、沉默、秩序、决心、俭朴、勤劳、诚恳、正直、中庸、清洁、宁静、贞洁和谦逊。他通过手账来管理时间、管理人生，并养成习惯。可以说，他是手账文化的代表之一。

富兰克林是怎么做的呢？他把这 13 条“自我修炼戒律”，做成一个小册子，并通过表格的形式来记录，每一列是一个星期的一天，每一行是一种美德的缩写，在表格里用小黑点记录这一天是否做到了这些美德。这类似于日程手账中的打卡页。

为了能够让生活更有秩序感，他希望给每一件事都提前分配好一定的时间，于是，在这本小册子中，有一页24小时的作息时间表。早上5点，问自己一个问题——今天我有何收获？用以自省。5—7点，起床，洗漱，安排一天的事情，继续研究，吃早饭。

其实，这类似于我们日计划中的时间轴。

在富兰克林之后的100年间，手账从美国传到欧洲，又从欧洲流传到日本。

于是，手账在日本广泛传播和使用。但其实，中国人早就有类似习惯，中国古人使用的叫“手簿”。

1.1.2 为什么要这样麻烦自己

手账是一种帮助整理生活的绝佳工具。我曾使用过手机软件来制作日常任务清单，但都没有写手账省时和便于翻阅。手机一碰就会看看其他新闻什么的，经常会进入手机的“时间黑洞”里。

手账是跟自己和解的最好方式。我们小时候会写日记，周遭的世界会安静、会温暖，也会充斥各种噪声。手账本给我保留了一小块只属于我自己的空间，我可以坦诚地记录下最隐私的时刻和最深刻的思想。就跟小时候我们写完日记，又悄悄上了锁，不愿意被人看见那样。

这种行为可以让我的身心获得难以置信的释放。我很喜欢这种感觉。我不仅仅是别人故事里的配角，还是自己故事里的主角，我的所做所言所想都有其价值。这种在私底下表达自我，慢慢陈述自己的思想，会帮助我们在公开场合更好地发出声音。

写手账，是一个种瓜得瓜、种豆得豆的过程。也就是说，你把时间用在哪里，就会收获什么。你把时间用在刷手机、看娱乐节目上，你收获的只能是生活的无味；你把时间放在读书学习上，收获的就是自我成长。你所做的事情在手账上一天一天地记录下来，你的生活和成长就会有迹可循。

如果你对现状不甚满意，是因为你没做任何事情，你不做就不会发生改变。像我启用新手账本的时候，都是新的启程，每次看到那些空白页，都会很激动，因为会有很多惊喜在未来等着我去揭开、去实现。手账，是我生命中的一部分。

总之，手账可以帮助你解答一些重要的问题，比如你想成为什么样的人，你想过什么样的生活等；也能提醒你做一些琐碎的事，比如按时交电费等；还可以帮你做好时间管理……无论是什么，我觉得都值得开始写手账。

1.1.3 手账和日记的区别

★内容上的区别

日记主要关注已经做完的事情。而手账除此之外，还可以用来做任务清单和日程表，任务清单和日程表主要关注我们未来计划做什么。把这些东西综合在一起，就可以更全面地了解自己。其实有时我们自己都没有察觉到，我们在本子上记录下来的任务、习惯和日记，都透露出我们的喜好、梦想，甚至我们是怎样的人。

总之，手账帮助我们记录生命中发生过的所有事情，并记录我们在未来想做的事情。

★形式上的区别

对比下面两张图可以发现，后者比前者更有设计感，讲究排版和色彩搭配，图文并茂，整体看起来非常舒服，就像一个艺术品，值得细细观赏。

写手账是一件非常有趣的事情。如果让我们坚持每天写日记，有可能会坚持不下来。如果是用手账的形式，就会容易得多。我们用自己喜欢的胶带、贴纸进行拼贴，不仅更容易坚持，还能在一定程度上让自己放松，治愈紧张感。我们出去吃饭，还可以把餐厅的菜谱广告带回来做手账，在记录生活的同时发现生活中的美好。在快节奏的生活中，找到放松的方式，远比回到家刷手机有益。每天用一点时间，写写手账，与自己交流，可以把自己从忙碌的状态中拯救出来。手账也许是最好的自我交流工具，它可以帮助我们审视自己的生活。

写手账的人，一般都会有自己的手账体系。就以我来说，我的手账体系包括读书手账、日常手账、梦想手账、摘抄手账、亲

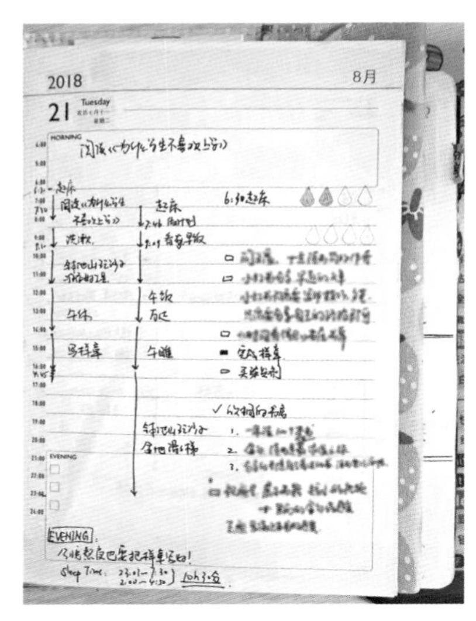

未经过设计的手账页面

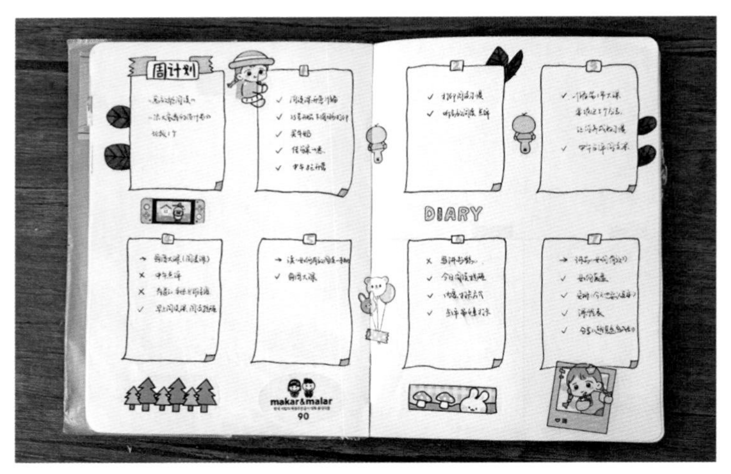

具有设计感的手账页面

子手账等。每一个本子都有具体的功能，分门别类，各司其职。

日记本没有明确的归纳信息，往往是想写什么，就写什么。就是一切合一，这样会显得有点乱。比如，读书笔记，都放在一起，想要回头找的时候就比较麻烦。

1.1.4 手账风格

在生活中，大部分人都有自己的穿衣风格，有的是职场穿搭，有的是森系穿搭，有的是休闲穿搭等。不知道你们有没有发现，一个经常是休闲穿搭的人，偶尔穿森系风格的衣服，看到的时候总觉得哪里不一样了。我自己平时上班穿的衣服都是轻熟女风格的，有时候心血来潮，想改变一下，穿休闲类的衣服，自己就会觉得有些别扭，有些不舒服。有时候即使在家里已经穿搭好了，临出门时还是会换回原来经常穿的衣服。

手账跟我们的穿搭一样，每个人都有自己的风格。其实，跟每个人的穿搭一样，手账往往也是手账人内心的折射，手账人的品位和爱好，都体现在自己的手账里。找到适合自己的手账风格非常重要。

首先，确定手账风格可以避免乱花钱。因为一旦确定了自己的手账风格，就不会什么都买，只会选择适合自己的手账工具。手账工具非常多，这个也买，那个也买，就是一种浪费。一旦有了自己的风格，你就会明白，不适合自己风格的胶带、贴纸等，即使买了回来，也不会用，那就不会乱买了。

其次，从长远来看，手账风格直接影响到你是否能坚持下去。每个人的时间精力不同，比如时间少的人，可以选用简约风的手账，可以帮助你节省时间；而时间相对充裕的人，可以选用拼贴的手账。其实我并不建议用拼贴手账，我认为那是写手账的初级阶段。

手账表面看起来非常简单，外行人以为就是写写字、画点画，再贴上贴纸就可以了。其实不然，即使是贴纸，也是有讲究的。贴在不同的地方，给人的感受是不同的；不同的人用相同的贴纸，也会贴出不同的效果。

开始写手账后，你会发现，这里面有很多技巧。

现在我们来具体了解一下手账风格：复古风、欧式风、日式风、古风、简约风……

★复古风

复古风是最常见的手账风格之一，也是很多人喜爱的一种手账风格。这类手账的特点是，需要很多手账工具装饰，印章在这款手账风格里很常见。有些微博手账达人，为了让手账更好看，还会单独学习一种字体，叫 brush（软笔）字体，如 babe 手账，她的手账页里最常见的不是贴纸、胶带，而是这种字体。

万物皆可手账，一些废旧的报纸也适合这种风格的手账。

复古风往往让人有一种岁月感，我也很喜欢这种风格的手账。但是，这种风格对色彩和排版要求较高，刚开始做也比较费时间。

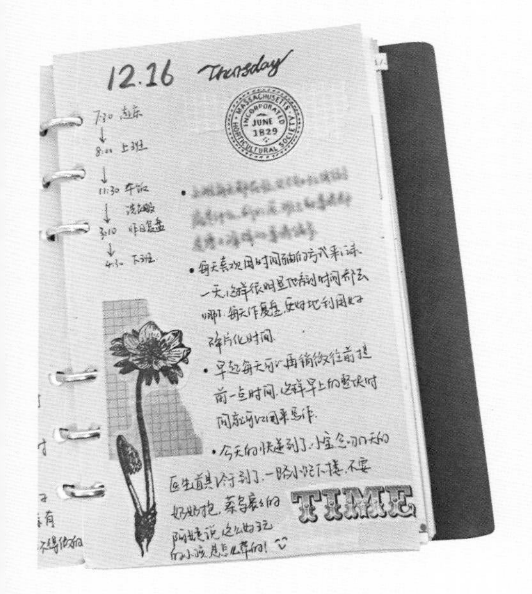

复古风日程手账

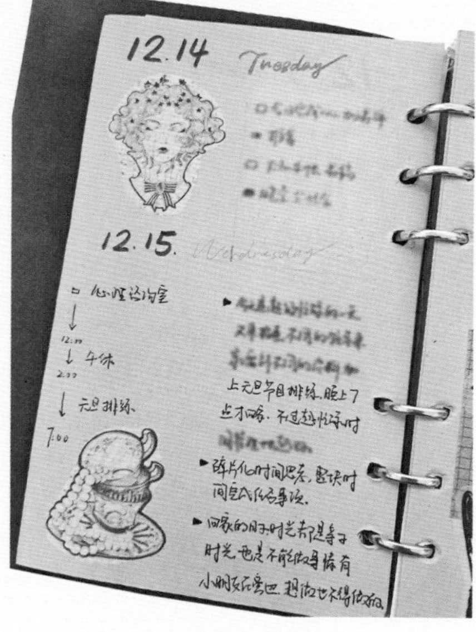

复古风日程手账

很多手账博主都是这种风格，因为这是很好的解压方式，在心情不好的时候用复古风的手账，写着写着心情就好了起来。

所以，复古风的手账适合时间比较充足的人。

★欧式风

看欧式风手账，有在看杂志的感觉。这种风格的手账，具有很浓的特色韵味，通过色彩和版式的搭配，看起来很有品位。在做这种欧式风格时，可以借鉴杂志上的版式，用自己的手账工具——胶带、贴纸、印章，进行拼贴。

欧式风手账

2020 | 1 | 29 Wednesday
ROYAL FOOTPATCH

欧式风手账

★日式风

日式风手账

日式风手账源于日本，比较可爱，颜色比较鲜明、活泼，让人觉得有趣、轻松。喜欢这种手账的人，内心一定还藏着个童话世界。这种风格比较容易上手，因为有很多相关的贴纸，例如肉球、卓大王等。

★古风

中国古风手账想要做好看，

相对来说难度较高一点，对书写的字体、图画的要求比较高。单凭这两项，很多人也没有办法做好这种风格的手账。练字不是一朝一夕的功夫。古风手账上有水彩、书法等元素。

因为很少有人可以做好这种风格的手账，所以只要你写得好，是非常吸引人的。目前，市面上有很多古风手账的胶带和贴纸，比如故宫文创就有不少。利用好古风胶带和贴纸，注意排版，也能做出好看的古风手账。

古风手账

古风手账

★简约风

最后我们来看看简约风，这是我最喜欢的风格，也是我最常用的风格。没有过多装饰，色彩也都是一些中性的颜色，比如黑白灰，装饰品也很少，就是简简单单的几张贴纸，只要留意整体色彩的协调就可以了。

大家对这种简洁的风格是非常认可的，“子弹笔记”就是这种简约风。如果你每天都写手账，也许最后也会钟情于简约风，因为这种风格的手账不花费时间。对于上班族，特别是有了家庭的上班族，时间非常有限，简约风的手账能节省一些时间。我经常被人问，要上班，又要带娃，每天只有不多的时间用来读书和写手账，如何忙得开。所以我的手账是简约风，没有太多装饰。

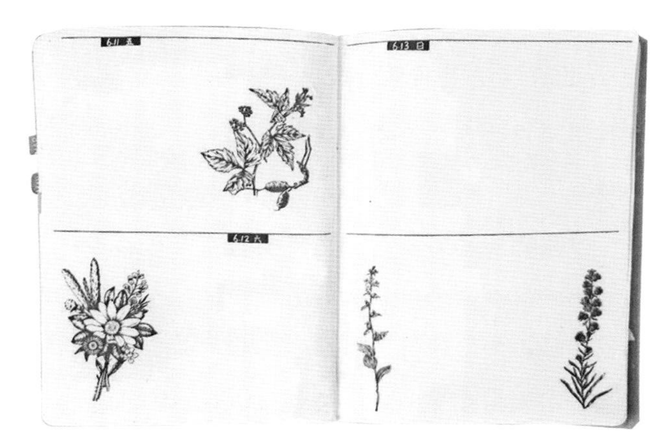

简约风日计划手账

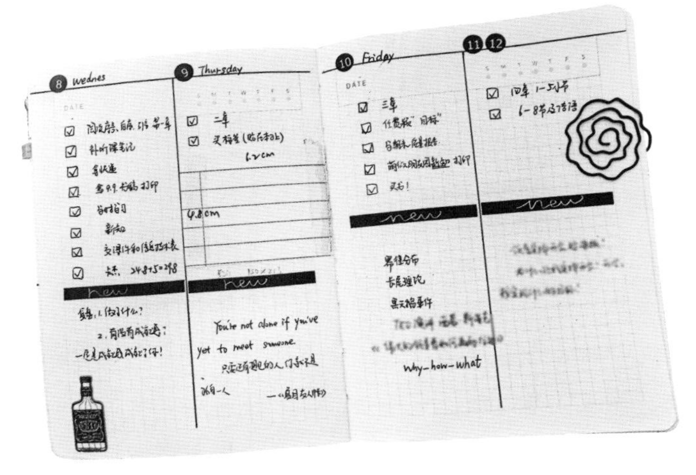

简约风周计划手账

我每天使用这种风格的手账，20分钟就足够了。这20分钟不是简单的记录，主要是用来复盘当天的任务和做第二天的计划。写手账是我生活中一个很重要的仪式，告别当天，也为迎接新的一天做好准备。

其实，手账的风格不止这些，还有盐系风、森系风等，甚至我们还可以组合其中的两种，如复古简约风、盐系简约风等。大家可以根据自己的喜好进行自由组合，找到适合自己的风格。

下面，我们就来看看，如何找到适合自己的手账风格。

1.1.5 如何找到适合自己的手账风格

★根据自己的目的选择

通过上面的介绍，大家应该大致了解了每种手账风格的特点，以及每种风格的书写大概需要多长时间。

我的一个朋友，她选择写手账，是为了做好时间管理，戒掉拖延症。写手账虽然是戒掉拖延症的一个“良方”，我就是利用手账，养成了一个又一个好习惯，尤其是不拖延。但是，我的这个朋友选择的手账风格是复古风。我问她为什么选择这种风格，她说自己很喜欢复古风。要知道，复古风手账需要花费的时间较长，这与她的初衷背道而驰，本来是想利用手账做好时间管理，能预留出更多的时间，现在却恰恰相反，写手账占用了很多时间，这肯定是坚持不下来的。

所以，选择什么风格的手账，要根据自己的目的来决定，如果你想节约时间，就可以选择简约风；如果你每天有很多时间，用写手账来减压，就可以选择复古风；如果你想练习书法，就可以选择古风。

★根据自己的爱好选择

每个人都有自己的爱好，有的人喜欢画画，有的人喜欢美食，有的人喜欢喝茶。就拿我来说吧，在写手账之前，我就很喜欢做计划，所以我选择的是简约风手账。如果你喜欢画画的话，可以选择日式风手账；如果你喜欢喝茶，可以选择复古风，做茶包复古手账；如果你喜欢页面丰富的，可以选择欧式风手账。

不管是什么风格，都可以多多去尝试，根据自己的喜好，选择适合自己的手账风格。

★根据自己的手账内容选择

不同的内容可以选择不同的风格，就像上文提到的，如果你的手账内容是茶包，复古风就比较合适；如果是读书手账，简约风比较适合。有的人是详细记录生活，一天一页，可以写得满满的；还有的人，经常开“天窗”，每天不知道在页面上可以写点什么。所以，每个人要记录的内容不同，书写的内容也不同，选择的手账风格就不同。

我相信，一开始准备写手账，你可能会喜欢不止一种风格的手账，那就先记录，最后根据自己的内容来决定手账的风格。

最后要说的是，多多尝试。如果你想开始写手账，最好先行动起来，在写的过程中再进一步优化。其实不仅是写手账，开始做任何事情都是如此。

我的手账风格也不是一成不变的。刚开始写手账的时候，属于复古风，那时的时间比较多，喜欢拼拼贴贴；后来时间变少了，我又开始尝试简约风，我现在的读书手账就是简约风。

1.2 手账是一款减压"神器"

适度的压力对于我们是有益的，但过大的压力是有害的。现代人常常由于工作、生活中的过大压力而感到身体不适，甚至出现其他症状。另外，当一个人无所事事时，也会产生压力。如果没有工作，没有事情做，前两天可能会觉得挺惬意的，早上睡到自然醒，不会为了工作和生活的琐事烦恼，拿起一本一直想看却没时间看的书，挑选电影清单里一直想看却没时间看的好片，在家拿出垫子做做瑜伽、运动等，一天就这么过去了。但如果这样的日子让你过一个月、两个月，你是否还能心平气和？相信你会和我一样，压力顿时提高了几个等级。

我们不能忽视压力对健康的影响。缓解压力的方式有很多，例如可以通过与朋友倾诉获得疗愈，可以通过旅行释放压力，可以通过书写获得平静……当我们把所有开心的、悲伤的、忧虑的事情记录下来，写完后，我们的心情可能已经好了一半。有些文学功底好的朋友还可以通过写文章、写诗等来舒缓压力。

人人向往美好的事物，欣赏好物、美景，在一定程度上就可以让人疗愈。如果那件好物是自己创造出来的，是否会有叠加的能量，会不会让我们沉醉其中，忘却压力？

确实有这样一款减压“神器”——手账。如果我们没有写诗词歌赋的天赋，就可以选择用手账记录生活，内容都是自己创作的。写手账会让我们投身于创作而不再纠结于当下的压力。

首先是准备工作。从选购不同款式的手账本，到选购独具特色的胶带、细腻精致的针管笔等，只做这些就可以让你暂时忘却烦恼。每款手账都很吸引人，最终满怀期待对自己最喜欢的那款提交了订单。

接下来就是好物的到来。拆开一层层包装纸，小心翼翼地取出来，心情激动。我要在手账本上记录美好的事，挑选最喜欢的笔、胶带，学习插画，设计排版，耐心而缓慢地记录，像一种仪式。当作品最终按照自己的设想呈现出来时，那种发自内心的欣喜，已经释放了大部分压力。

如果因为做手账，你多看了几本书，多学了一项技能，也算是额外的收获。

手账就是这样一款减压“神器”，就像我一样，周末一整天扑在手账本里也心甘情愿，它能带给我最好的体验，让我更多关注自己的一言一行，关注自己的美好愿景等。我愿意在这个手账迷宫里继续遨游。

1.3 手账让人收获氧气般的财富

我通过写手账，记录自己的学习、生活，还有一切美好的事。慢慢的，我发现自己写下来的任务、梦想都在一一实现。其实只是简单地做记录，就让我的整个人生发生了很大的变化。

1.3.1 为什么我会开始手账之旅

现在，各种管理行程、计划App很多，使用起来也很方便，我之前也一直用软件来记录每天的计划。但在某天的早上，由于手机容量饱和，需要卸载一些软件才能让手机正常运行。人总会有手误的时刻，当时我误把记录的App删除了，所有的记录都没有了，这让我伤心了好久，我也开始思考如何克服电子记录这一缺陷。经过深思，我决定尝试用手账本来记录。于是，就有了我现在的手账体系。

1.3.2 通过手账，我收获了什么

我能够更好地掌控自己的时间，知道每一天都花费在什么事

情上了。时间是有限的，我们需要聚焦时间，把时间用在最值得投入的地方。通过时间的复利效应，就会在这些方向上有所收获。例如通过与番茄工作法结合，运用ABC优先顺序法则来做自己的每日工作清单，每天不仅能把最重要的事情做好，而且可以清晰地看见番茄数目。多了，说明今天自己很专注、很高效；少了，说明今天自己状态不好，或者说是懈怠了。

通过做手账，列出自己的需求和想法，人生目标就更加明确，也了解了自己目前的各项技能。因此，每日、每月都会朝着目标努力，精进自己的技能，每天都看得见自己的奋斗。

在手账中，所有的学习课程都能够轻松查阅。我很爱学习，但课程实在太多，并分布在不同平台上，查看起来很费神，而且经常是听了后面忘了前面。现在通过课程登记手账本，不仅知道自己有哪些课程，而且每门课程学习的价值反馈也可以清晰记录下来。觉得好的课程，就会做思维导图笔记；一些泛学的课程，只提炼几个关键词。通过这种对课程的管理方式，我现在听课有条不紊，更加高效。

因为我经常发朋友圈，就有伙伴问：你怎么能做这么多事情？我拿出了我的秘密“武器”——手账。问的人多了，知道了大家的困惑与需求，因此我开始了手账的分享，成了一名手账老师。

道理都懂，但真正做到的人很少。比如教育孩子，我们都知道要言传身教，但有多少父母能够亲自示范，能够做到以身作则呢？

因为我每天都会做手账，家里才上一年级的孩子们很好奇，也喜欢这样的一种形式，孩子们自然而然也开始做手账。于是，我们一起开始了手账之旅。我们会互相督促，看看谁的番茄数多，这才是好的教育吧。

做手账，可以帮助孩子节省时间，做好自我管理，去做真正喜欢的事，因为时间是最宝贵的资源。现在我的孩子们已经六年级了，也做出了一些精美的手账，本书中也展示了他们的部分作品。

通过做手账，可以提高各方面的能力。做手账很考验一个人的审美能力，不仅要会排版，还要会配色，这有点像设计师的工作。为了整个版面布局，需要思考什么位置放什么内容。做手账甚至还需要练习一些艺术字体，搭配简易的插图，同时还要利用分隔线，这在某种程度上又与插画师、视觉记录师的工作相关了。做手账还需要收集一些身边的素材，比如宣传广告、宣传册、标签、门票等，可以让我们成为一个随时随地都在修炼自己的摄影师、艺术家。使用胶带为手账本增添乐趣，比如贴什么类型的胶带，才能让本本看起来与众不同，个性十足，此刻我们又化身为设计师，艺术细胞活跃起来了。

通过做手账，自律性会更强。通过手账，月初就给自己制定一个阅读量、看电影的量，在此后的一个月，潜意识会不断提醒你该完成任务了。若对阅读的图书做上了星级标志，我们在推荐给别人时便会很容易，在做年终小结时也会一目了然。

通过做手账，人生乐趣会变多。每天写手账，这也在无形中让它成为一个很好的督促伙伴。面对这么好看的手账本，你应该不会三天打鱼两天晒网，你会有写满的冲动。而且在心情低落时，看看之前记录的美好瞬间、温暖的语言，你会变得能量满满。

自从拥有了手账，我会在手账上列出好习惯清单，然后打上钩，这是让人幸福的时刻，从此我养成的好习惯更多、更持久了。

1.4 手账工具没有想象的那么复杂

1.4.1 手账本应该如何选择

在做手账之前，很多伙伴都不知道应该挑选什么样的手账本。我自己也是从一个手账"小白"——完全不知道买什么样的手账本，到现在知道不同的品牌、不同的款式、不同的价格、不同的纸张质量、不同的尺寸等。

✿ 我的第一本手账

我非常庆幸当初自己迈出了第一步，不注重形式，直接拿了一本普通笔记本就开始了手账之旅。这本手账本外表虽然不是很显眼，翻开内页，却有惊喜的小成就，我把这本普通的笔记本做成了精美的手账。

手绘版手账内页

思维导图训练营手绘海报

因此，我们需要做的就是行动。

手账毕竟是每天都要使用的工具，对于一些“文具控”来说，会认真挑选几款适合自己的手账本。在挑选手账本之前，我们一定要清楚自己的手账体系及需要记录的内容，如日程管理、阅读手账、笔记手账、旅行手账、电影手账等。不然可能会出现一个问题——买来的手账本拿到手发现不太合适，就不去使用，然后会囤积一堆本本。

★从装订形式上选择：活页手账本、固定页手账本

活页手账本

固定页手账本

★从内页形式上选择

方格：对于想做日程清单的伙伴来说，比较适合画格子。

点状：方格和空白之间，可以做些阅读笔记，当然做些听课笔记应该也不错。

空白：对于一些旅行手账、美食手账、绘画练习，可以选择这类的手账本。空白内页可以让我们自由发挥，使用胶带进行装饰，不受线的束缚。

横线：课程登记可以使用。

方格　　点状　　空白　　横线

★从品牌及价格选择

品牌手账本一

现在品牌手账越做越好，单价从几十元涨到几百元不等。比如某德国品牌手账本的价格就几百元，但它的纸张确实很好，薄而不透。因为手账本是需要长时间保留的，若纸张不好的话，可能会影响日后的翻阅体验。

品牌手账本二

日本的手账是很有名的，也有一些品牌手账。我曾买过一本粉色的手账，它最吸引人的地方是两条书线绳的设计，这看似多余的设计，其实是为了解决使用问题，可以让你快速翻到指定页面。

有一款畅销的日本手账品牌，它以极简风格著称，虽然与其他品牌比起来，它的花样不多，通常是牛皮纸的封面，但它的价格比较实惠。

品牌手账本三

还有一款比较常见的手账品牌，是旅行者笔记本。它与其他手账的不同之处是，我们可以自由组装自己想要的内页，一般封面都是真皮的，很多人都喜欢把它作为旅行手账使用。

品牌手账本四

韩国的手账本一般都很可爱，可以让你少女心爆棚。

还有一些其他品牌的手账本，价格可能会有点贵，这就看个人的喜好了。在这里推荐一些价格比较实惠的手账本品牌，如罗格夫、锦一、风猫等。

★从手账本的尺寸选择

手账本的尺寸也是我们需要考虑的因素，一般有A5、B6两种尺寸，大有大的好处，小有小的便利。若你需要随身携带手账本，可以考虑小尺寸；若只是在家做手账，可以考虑大尺寸，大尺寸方便在上面做一些剪贴。

A5、B6手账本

1.4.2 其他工具

写手账除了准备手账本，还需要准备其他工具，包括各种笔、胶带、贴纸、便签、印章等。但一般而言，最重要的还是笔和胶带。

手账风格从形式上可以分为以下三类。

第一类是文字版。可以通过艺术字、一些装饰的小图标、箭头、分割线等来达到制作有趣手账的目的。

第二类是剪贴版。若没有很多时间进行绘制，可以通过各种胶带来装饰，形成各种风格，如复古风手账、欧式风手账、日式风手账、古风手账、简约风手账等。喜欢什么风格，直接购买相对应的胶带就可以，但要注意风格一定要统一，不然会显得很杂乱无章。

第三类是手绘版。对于一些特别喜欢绘画，时间又相对充裕的伙伴来说，可以根据不同的情境，设计不同的画面，比如卡通型、水彩型、彩铅型或其他。

对于上班族来说，时间不是很充裕，因此可以选择前两种手账风格。我的手账风格也由日式风转变成复古风，未来可能还会尝试其他不同的风格。

笔的选择方面，笔主要包括针管笔、毛笔、水彩笔、可擦笔、彩铅笔、马克笔等。使用针管笔的好处是其比较细，而且不会有很多水漏出，还可以做图案的勾线；使用毛笔，可以书写一些大标题，加粗一些图案的边框等；使用彩色的笔，可以给整个画面增添一种乐趣。

哥特风系列胶带

胶带方面，可以选择哥特风系列、植物系列、动物系列、生活用品系列等。

此外，推荐一些手账类App，如堆糖、Mori等，可以让我们有更多选择，从手写版手账切换成电子版，内容形式更加多样化。

1.4.3 让手账更加有趣有颜的秘密

手账与日记本最大的不同，就是手账看上去颜值很高。那么如何制作一本漂亮的手账？

总体上来说，画面要简洁、干净，风格要统一，配色要和谐。具体来说，我们需要从字体、颜色、排版、配图、线条、素材收集、胶带使用等方面下功夫。

在书写上，要注意字体、字号、字形等。字体的选择很多，我们除了书写中文各种字体，其实写好一些英文字体，如圆体英文、哥特体英文等也能为手账加分。字号需要有层次感，如大标题，为了达到醒目的效果，突出主题，我们需要用大号字，而正文则需要用小几号的字体，这种文字大小的碰撞，可以很好地呈现手账的视觉效果。字形也有多种选择，如阴影字、宋变体等。因此，对于不擅长绘图的伙伴，在字体上做一些改变，就可以做成有艺术感的手账。

在颜色上，需要有主色调，整体风格要统一，以一种颜色为主，辅助添加其他颜色，但尽量不要使用过多的色彩，这样会使画面杂乱，每页尽量不超过三种颜色。最近比较流行的灰黑白风格，把简洁风发挥到了极致。若不用灰黑白风格，我们在选择颜色方面，需要注意色彩的三要素——色相、明度、纯度，以及色彩之间的关系，如冷暖色、明暗、纯度、轮廓大小等关系。不同的主题也可以选择不同的颜色，如节日可以选择红色，植树节可以选择绿色等。

色彩三要素

在排版上，总的原则是标题要大，序号要明显，分块要清晰，可以用箭头点缀。具体的排版形式包括：垂直与水平分割，斜切一半的方式，上面文字，下面图案，或者左边文字，右边图案；封闭式和开放式排版；对角线对称排版；简约排版——一点法、二点法等；结构块的排版；爆炸式排版；发射状排版等。

垂直与水平、斜切一半

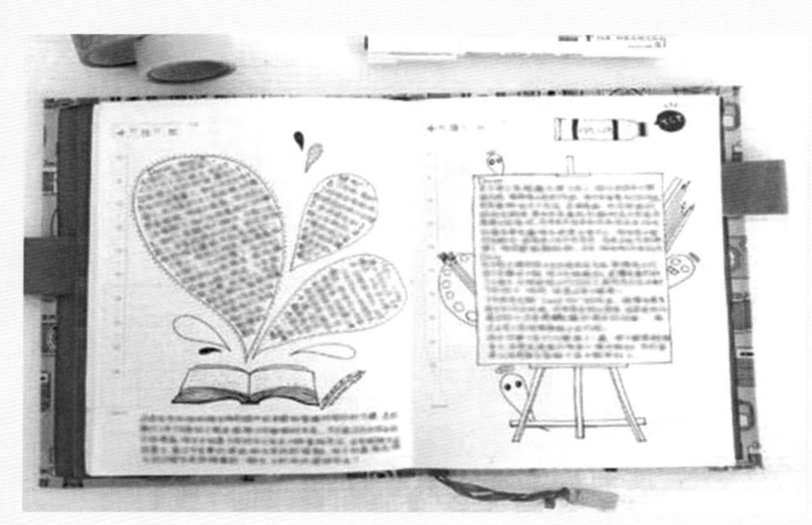

开放式排版　　　　封闭式排版

对称排版——布置对角线

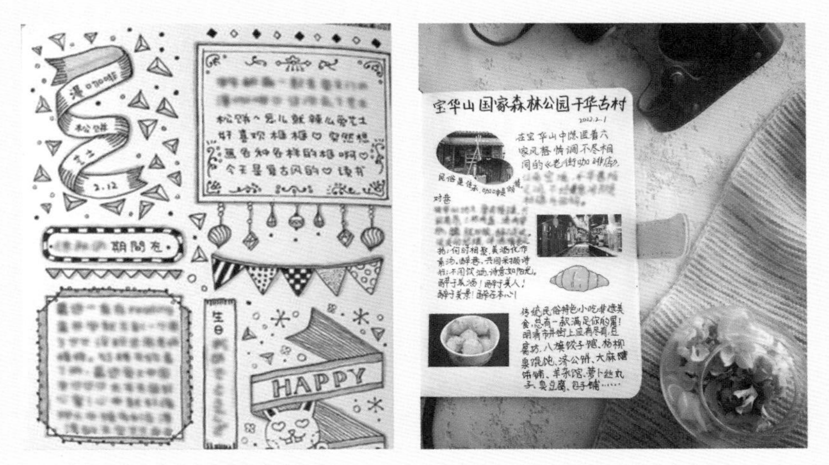

简约排版：一点法、两点法、三点法

我们可以在网络上搜索“手账”，会发现很多排版案例。如果还没有头绪，可以参考一些杂志的版面设计，如App拍立得。

在配图及线条上，可以从简单的线条入手，绘制生活中常见的小素材，先从模仿开始，等熟练了就可以自己创作了。可以参考手绘方面的书籍，网络搜索“简笔画”，App上也有现成的图案。华丽的分割线及线条可以增添画面的活泼感，提高手账的逻辑性。

在素材上，平时一定要注意收集。如果有些伙伴既不想写，也不想绘图，那么要做出漂亮的手账，就得收集素材，如旅行时的车票、逛景区的门票、城市的宣传海报、地铁上的地图、著名品牌的商标、零食上的标签等。在制作手账的过程中，要

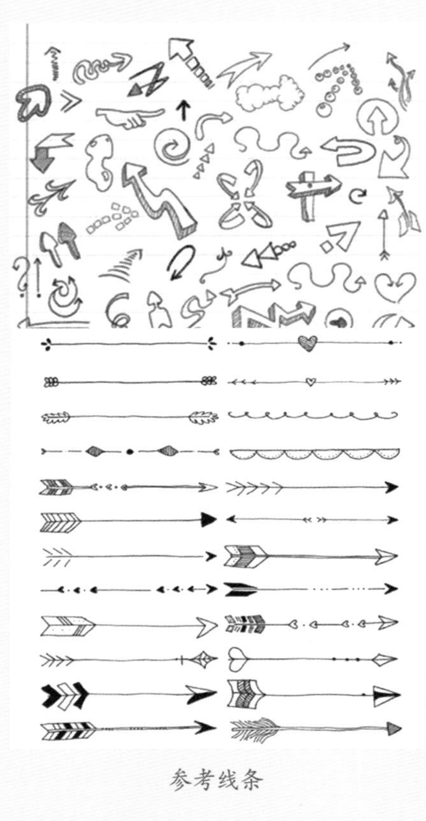

参考线条

善于留白，留白的地方就可以贴上这些收集到的素材，立马会让你的手账变得饱满。

在胶带使用上，同样可以通过不同风格的胶带，制作不同的主题。一本普通的笔记本，在用上胶带后，会成为一本个性化手账本。平时若不想手绘框，我们也可以用胶带来完成。胶带有宽窄之分，宽的可以用作配图，窄的可以用作分割线等。

相信掌握了以上几点，你所做的手账颜值一定很高。

1.5 手账让人生变得更好

通过记录手账，我们可以清晰地看到自己的成长。年老时，摸过的一本本手账，就是你的个人传记。这一本本手账能让你重温自己走过的历程，有欣喜、有悲伤、有煎熬的选择等。

手账属于私人订制，每一个的版本及设计都是不同的。如一些年轻的妈妈，可以做育儿手账，把孩子的点点滴滴记录下来；旅行达人，可以把所见所闻用手账的形式记录下来；读书达人，可以记录自己的专属读书手账等。

因此，我们需要清楚地知道使用手账的目的是什么，需要管理的事务有哪些，让手账成为人生的工具，让它帮助我们更好地管理人生。就以我来说，通过手账，我更加清晰地看到自己的每一步成长，让所有的努力都落实到纸面上。

通过手账管理时间，找出时间的“黑洞”。刷刷微信、微博等，几小时就这么过去了。《奇特的一生》主人公坚持记录几十年，最后展示出的成果是令人震惊的，这是一笔无形资产。我们真正的敌人是自己，因此突破自己就是最大的成功，每天比昨天的自己有进步就是最大的胜利。

通过手账规划人生，增加自我掌控感。之前看过一本书叫《高效能人士都是清单控》，书里提到做完一件事打钩，会让你更高效、更自信、更能掌控人生。我很认同这种观点。例如在旅行手账中，我们可以列个备用物清单，每次出门都可以对照准备，这样就会很高效。有些人认为这个不太重要。那我再举个例子，现在，在飞机起飞前，机长都需要根据检查清单，查看飞机的各方面状况，但之前是没有这样的清单的，就是因为早期飞机老是出现一些本可以避免的失误，后来才有人提出了这个建议。

通过手账回顾过去，记录美好的一切。每天清晨写晨间日志，每天晚上做总结、做反思，这些都可以为我们每天的生活带来仪式感。当我们年老时，拿起书架上一排排的手账记录，这就是“自己的历史”，能将流逝的平常日子转变成“确实存在的真实体验”。手账是“我的书”，是现在的自己跟过去的自己进行对话。

通过手账期待未来，使人生有趣有料。你想成为什么样的人，写下来，然后一步一步去实现。你想实现什么梦想，不管大梦想，还是小梦想，统统写下来，然后一个一个去实现。记录手账可以帮助我们改变习惯，让我们变成真正有回忆的人——原来只是简单记录下自己的一切，就可以更加了解自己。让我们珍惜这独一无二的人生。

2

生活美学篇

2.1 旅行手账：用脚去丈量世界

在旅行中，会有一些门票或者车票等，我们可以把这些收集起来，作为旅行手账的素材。比如游览拈花湾景点，可以把一些比较有价值的内容写下来，一些图画也画出来，把相关门票粘贴上去，再配上一些胶带，这样旅行手账就完成了。等到日后再去翻阅的时候，就可以清晰地记起这趟旅行，不仅能知道自己什么时间去旅行，而且还能获得一些感悟等。

如果没有门票，可以直接手绘，也可以手绘一些有意义的

拈花湾

拈花湾

内容。比如，我带孩子们去植物园游览花海，那里有很多百合，还有很多蝴蝶，我会把一些有代表性的、有意义的画面，用手绘的方式画下来，并配以文字记录；再比如，我陪孩子们去上海迪士尼乐园游玩，我采用的是路径形式，门票加贴纸加手绘，在游玩时我会留心把各种门票或者一些好看的画册收集起来，为手账做准备。迪士尼的旅行手账是我和孩子们一起制作的，这也给我们的旅行增加了一些趣味性，而且后续的旅行手账工作让我们有了共同的记忆。假如以后到其他国

植物园花海

上海迪士尼乐园

家游玩迪士尼，也便于做一些比较。仅靠脑子去记忆，能回忆起来的内容很有限。更何况，这样的手账做好后，日后去翻阅，看到这些曾经走过的路线，曾经观赏过的风景，回忆当中也是满满的幸福。

一生中你可能会去无数个地方，你是否记录了，是否能在想起的时候找到回忆的线索？我们现在常用的记录方法是用照片和视频记录下一切美好的体验。但是，我认为，用什么记录其实都没有用手账记录快乐。我们来看看10岁孩子做的旅行手账，在旅行的过程中他很认真地去观察、去收集素材，旅行结束后又把一切用手工做出来，不仅回忆满满，幸福也充斥在制作手账的过程中。

10岁孩子做的旅行手账

10 岁孩子做的旅行手账

10 岁孩子做的旅行手账

这些旅行手账就是把一些门票、景区宣传画册，通过贴纸、胶带、手绘等方式完成的，其实很多人都喜欢自己动手制作。如果你喜欢的话，尝试做起来吧。

2.2 电影手账：可以身临其境，体验不同的人生状态

有这样一句电影台词，电影发明以后，我们的人生延长了三倍，因为我们在里面获得了至少两倍不同的人生经验。所以，除了看书、旅行，看电影也可以增长我们的见识，沉淀出我们自己的见解，从而形成我们专属的独特气质。对一个家庭来说，不管是境外游，还是国内游，旅行的成本是不小的数字。而看电影和读书一样，是体验多彩人生的低成本方式。

在短短的两个小时电影里，既可以看到世界的波澜壮阔，也可以看到小村庄的优雅从容；既可以看到普通人的艰苦奋斗，也可以看到风云人物的为难焦灼；既可以看到人心的狡诈险恶，也可以看到人性的温暖……用电影来增加生命的深度和广度，通过电影来拓展自己的眼界，确实低成本高收益。

读完一本书我们会写读书手账，记录书中的知识和心得；同样，看完一部电影，也要记录当下的感受。我用的是专门的电影手账本，这样的手账本有统一的格式，只需要往上填写内容就可

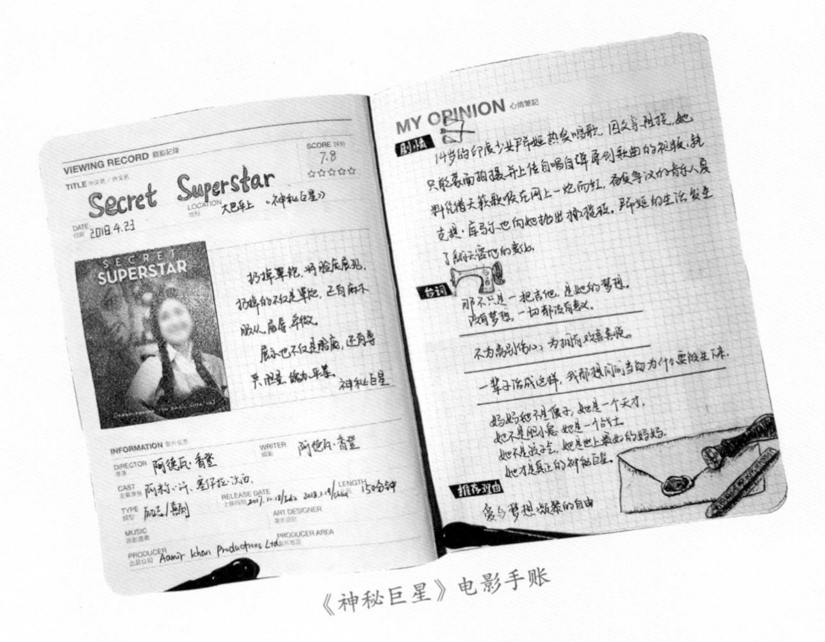

《神秘巨星》电影手账

以了，如导演、编剧、主要演员、上映时间等。贴上一张自己喜欢的电影海报，然后在页面的右侧记录剧情、经典台词和推荐理由等内容。

当然，除了看过的电影，看过的话剧也可以记录下来。下面是我在看话剧《三生三世十里桃花》后做的手账，用到的素材是从大剧院带回来的海报。

《三生三世十里桃花》舞台剧手账

把平时看过的电影和话剧等用手账的方式记录下来，等到年末的时候重新翻看，真的是成就感满满。所以说，手账记录的就是我们满满当当的人生啊！

2.3 绘画手账：人人都是艺术大师

在教学过程中，我被问得最多的问题就是如果画画不好，是否可以做手账。在我看来，如果是因为这件事阻碍了自己用手账管理生活，那真是太可惜了。

插画艺术家寄藤文平说过："画画不需要特殊的美感和才能，我所认为的绘画，跟写东西、讲话没什么两样。一个人不会因为字写得不漂亮就不能写文章，不会因为声音不好听就不和别人说话了，对于自己的所见所闻，想画出来才是关键。"

我们每个人都是天生的"艺术大师"。成人绘画最大的障碍就是缺乏勇气，我小时候拿过画笔，后来因为学业、工作等，一直没有开启绘画时光，在机缘巧合下接触了手账，发现除了用贴纸，还可以自己绘画进行创作。

手账内页中，我们可以添加很多绘画元素，不会画，可以学习。现在互联网这么发达，想学习的板块都有，如创意简笔画、火柴人简笔画、视觉 POP、标题字体设计等。

做绘画手账不难，可以准备专门的手账本，选择空白页面进行创作。如果想绘制一些水彩画、国画等，需要准备专用的画画本，每天或每周抽出美好的时光，沉浸其中。可能一开始的作品并没有那么惊艳，或许还有点粗糙，但是如果真正投入其中，绘制的过程就是享受的过程。如果可以坚持一个月、三个月、半年、一年等，看着自己创作的一幅幅作品，喜悦之情会油然升起。

绘画的时间如何安排呢？每个人的空闲时间不同，根据自己的空闲时间安排。可以选择晚间，静静地与自己独处；可以选择午间，困意来袭时听着音乐，画着美图；可以选择周末，拿出一整段时间，创作一副大作。如果用图画来表达一些精彩的故事，这就成了绘本创作的雏形。

如蘑菇的故事，简单的四格画，呈现出一幅故事画面；如送给孩子的小卡片，简单的人物呈现，配上背景底色，立体感就出现了；如用创意卡通造型来表达不同的拼音字母，俏皮可爱；如用生动形象的图来做自我介绍，能让人眼前一亮。

蘑菇的故事

送给孩子的小卡片

创意卡通造型

自我介绍

2.4 灵感手账：手账激发源源不断的创意

灵感手账也叫随手记，就是我们平时在生活、工作或者其他场景中，突然有了一些新的创意想法，需要记录下来；也有一些

灵感手账

我们暂时不会做，但是未来可能需要做的事情，也需要随时记录下来，这样做的目的是让大脑减负。

那么，什么事情需要记录在手账本上呢？

第一，好的灵感创意，需要记录下来；第二，一些感悟、想法、体会，需要记录下来；第三，最近没有发生，但是未来可能会发生的一些事，也需要记录下来。

记录后，不能把这个手账本随便扔到一边。当一周结束做周复盘的时候，需要翻阅这周的记录，看看哪些内容需要列到下一周的日程当中。所以，手账本是我收集自己的人生感悟、人生灵感的重要储藏地。我的很多创意和想法都来自手账本。

2.5 健康手账：人人都要重视健康

如何保持健康或获得健康是一个永恒的话题，影响健康的因素除了饮食方面，还包括运动、情绪等。有些人健康方面的知识缺乏，更别提用行动维护健康了；有些人道理都懂，却始终没有行动。手账能让人行动起来，通过手账记录不仅能更多了解健康知识，还能践行所学。

作为一名掌勺人，可以通过手账记录把理论落地，让合理饮食成为自己、家人的生活习惯；作为一名健身达人，可以通过手账记录，让自己拥有令人羡慕的身材；作为父母，孩子们在运动中（包括运动前后）需要注意什么，也需要手账的帮助；写一些东西，也可以舒缓放松心情……

2.5.1 如何通过饮食手账来管理你的一日三餐

让自己、家人和朋友们保持身体健康，是我一直追求的。我的很多朋友都和我做过交流。

我的做法是设计了饮食规划·复盘表。我每天总结当天吃过的所有食物，并将食物按类别填入饮食复盘表中，然后查漏补缺，对第二天的饮食做好规划。

执行一段时间后，我发现，按这样的方式，可以更好地将食物分类、平衡膳食的概念能刻印到大脑中。运用饮食手账管理一日三餐，可以很直观地看到自己每日饮食情况，规划第二天或者未来几天饮食的时候就心中有数了。当然，买菜也有目的性了，在外就餐也更注意了。

通过记录饮食手账，我自己获益良多。之前，我虽然经常做食谱，却很少为自己和家人做一份完整的食谱，总觉得自己掌控着厨房大权，家里的饮食总是不会错的。但是，通过饮食手账的记录，我才清晰地发现，以前的饮食虽然涉及的类别是齐全的，但是在同一类别食物的选择上，总是不知不觉选择了自己或家人喜爱的食物，有时太单一了。而饮食手账可以让我及时发现，并及时调整食物安排，让一日三餐、让一周饮食，更均衡健康。

懂营养的人更懂生活情趣。只要掌握健康饮食的基本知识，用好饮食手账，就可以既享受美食，又规避不良饮食习惯，美味与健康共存不再是梦。

我的均衡饮食手账分为一周食物记录表及饮食规划·复盘表。

一周食物记录表——每天晚上回顾当天吃的所有食物，并将

一周食物记录表

食物按种类分别填入对应的表格中，以此检验当天及近几天食物摄入的种类是否全面。

饮食规划·复盘表——此表分为3个部分，第2~6行为饮食规划部分，这部分内容主要填写次日计划执行的食谱及食物组成。第7行“实际摄入汇总”为饮食复盘部分，主要记录当天实际摄入食物情况。通常有较强的量的概念的，可以填写摄入克数；

量的概念不是很强的，可以用拳头或手做对比，比如一拳头米饭、两拳头蔬菜、一掌心瘦肉等。第8行“明日调整目标”为饮食反思部分，根据一周食物记录表以及当天实际摄入汇总部分的内容，考虑当天及近几天的食物摄入情况，哪类食物吃得少了，做出次日的饮食调整目标计划。根据“明日调整目标”继续规划制定次日的食谱。

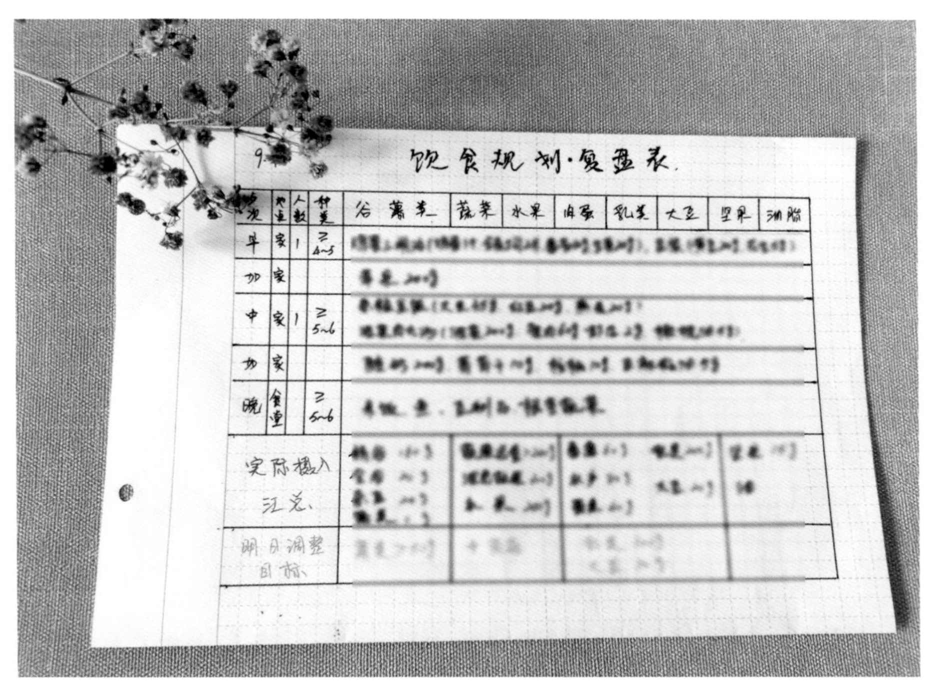

饮食规划·复盘表

餐次	地点	人数	种类	谷薯类	蔬菜	水果	肉蛋	乳类	大豆	坚果	油脂
早	家	1	≥4~5								
加	家										
中	家	1	≥5~6								
加	家										
晚	食堂		≥5~6								
实际摄入汇总											
明日调整目标											

2.5.2 想要拥有好体型，健身手账来帮您

每个人都想拥有好体型，但如果没有规划，盲目对待，最终不会得到想要的结果。还有一些人总是三分钟热度，开始斗志满满，没几天就打回原形。有没有一些好工具可以起到监督作用，帮助我们把形体训练持续、健康地进行下去？当然有。手账就可以做到。我就是通过健身手账，得到满满的健康感。

★健身手账和我的故事

说起健身手账，我是从 2009 年 12 月开始记录的。当时还不知道自己记录的内容叫手账，只知道是一种减肥日记。

当年还是在网站记录，这家网站现在也比较有名。一群非常爱美而又执着的女生聚集在网上，每天讨论、记录自己的饮食、运动，同时也分享着各自的喜怒哀乐。

在该网站上，我也发现了很多案例。她们的相关日记记录得非常详细，早餐、午餐、晚餐以及加餐都吃了些什么，多大的运动量，喝了多少杯水……这些日记的浏览量非常高。

通过浏览这些案例，我发现，原来此类日记很有价值，“只要我也坚持记录的话，那我也一定能够成功”，所以我开始加入记录的队伍。

没想到，这一记录就记到了 2020 年。其间虽然中断过，但

基本上都是在保持记录的状态中。

当然，我不是一直在网站记录，记录的形式不断变化，从网页端到App记录，再转换到电子表格记录等。现在，我觉得最好用的还是自制的手写版表格记录。

★健身手账的版式

版式1：分类详细记录的版本，非常好用。

这个表格可以用数字和文字同时记录。文字的直观感觉较差，加入数字可以让我们更容易发现自己饮食有没有瑕疵（特别提醒，数字不需要特别精确，只记录大概数字即可，以减少记录的烦琐）。

此外，为了使表格一目了然，方便记录，可以借用一些字母。例如：

C代表碳水化合物，主要指主食、甜食、蔬菜、水果。

P代表蛋白质，包括鱼禽肉、蛋奶、豆制品。一份蛋白质相当于一块手掌大小的肉，或者一杯300毫升的奶，用数值表示的话就是20克。

F代表脂肪，包括各种坚果，如腰果、杏仁、核桃、松子、开心果、核桃等；各种常见食用油，如橄榄油、亚麻籽油、花生油、菜籽油等。

T代表时间。

版式2：这个版本是一个超级简单又容易执行的记录表格手账。

2023 年 × 月			
日期	体重（kg）	腰围（cm）	备注
1			
2			
3			
4			
5			
6			
7			
8			
9			
10			
11			
12			
13			
14			
15			
16			
17			
18			
19			
20			
21			
22			
23			
24			
25			
26			
27			
28			
29			
30			

2023 年 × 月			
日期	体重（kg）	腰围（cm）	备注
1	80		
2	79		
3	78		
4	78		
5	78.5		
6	……		
7	……		
8	……		
9	……		
10	……		
11	……		
12	……		
13	……		
14	……		
15	……		
16	……		
17	……		
18	……		
19	……		
20	……		
21	……		
22	……		
23	……		
24	……		
25	……		
26	……		
27	……		
28	……		
29	……		
30	……		

记录表格手账

以上两张表，第一张表是原始格式，第二张表是举了一个例子，填写了体重的数值，体重增减用不同颜色标识。

版式 2 最大的作用就在于，可以非常明显地发现自己体重的变化，能及时提醒自己去调整，比如增加蔬菜、水果等食物。

只要坚持去做，就一定能够看到效果。

★健身手账的神奇作用

健身手账的作用就在于通过每天的记录让自己发现细微的变化，看到努力的效果，自己就会加强重复这个行为。如此循环，直到它变成习惯，成为自己生活的一部分。

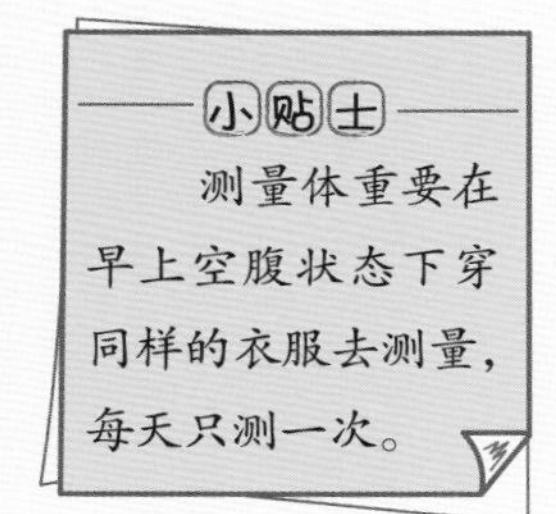

拥有并保持好体型其实是一件挺困难的事情，但通过健身手账，这件事情能够更轻松地执行，直到成功。

2.5.3 运动注意事项，也可以一目了然

运动时一定要注意，避免运动损伤。体育锻炼要讲究科学。

★如何预防运动损伤

可能的原因

（1）准备活动不充分或没做准备活动。

（2）技术动作不熟练。

（3）场地、器械不合格。

（4）身体疲劳，心理过于兴奋或紧张。

预防措施

（1）着装合理，根据运动项目正确佩戴护具。

（2）对于自身的运动能力要有客观的评价。

（3）检查运动环境安全与否：场地是否有安全隐患；体育设施、器械是否完好无损；避免在污染环境和恶劣天气中运动。

运动过程中的基本要求

（1）运动前热身，运动后放松。

（2）运动负荷适宜。

（3）遵循动作要领。

（4）集中精力。

（5）遵守常规和比赛规则。

体育运动顺口溜

运动前，要牢记，准备活动不可弃；

仔细挑，认真选，场地环境要满意；

运动服，运动鞋，跑步装备要合体；

运动量，自己定，适合自己有效益；

莫逞强，出风头，出现损伤苦自己；

做运动，贵坚持，断断续续没成效；

重科学，循原则，健康身体跑出来！

作为父母，在带孩子锻炼时，更应对有关问题有清楚的认识，学习基本的知识。

2.5.4 情绪决定你的状态，可以用情绪清单记录

2016 年，我开始时间管理、人生规划、阅读，用思维导图做

学习笔记。后来做手账，那时只会把要做的事情写下来。直到2019年参加师徒班学习，每天思考一个问题，每周复盘一次，就这样开始把手账精进，真正地管理自己，包括时间、精力、情绪等。

我会把不开心的事情都记在手账里，下次再面临同样的问题时，我会静下心来，思考究竟该如何去做。情绪管理的积极方式可以让一个人的心情得到调整，找到解决问题的办法。

情绪清单

我通常还会采用跟老公诉说的方式，然后一起出去运动，采购食物，买点自己喜欢的菜，回家让自己忙碌起来，做一桌丰盛的饭菜。静下心来，我会拿出一本书，来一壶清茶，边喝茶边看别人的经历，体会人生百味。

2.5.5 爱美食的人士，美食手账怎能缺

下面是10岁孩子做的美食手账，是她最喜欢的一道菜——番茄炒蛋，她写下了制作的流程，也分享了自己的感受："番茄炒蛋不光看上去好看，吃起来也很美味呢！"这就是纯手绘加文字的手账。

美食手账

这碗香喷喷的面条看着是不是很有食欲？空白处可以写上你认为最好吃的面是什么样的。

美食手账

我们来看看10岁孩子做的旅行中的美食手账，是贴纸加手绘加文字的手账版式。看完后，你是不是很想品尝一下？

通过做美食手账，我们可以记录自己品尝过的美食。当翻阅到这页时，美好的瞬间就立即浮现在眼前，这有一种幸福的味道。做手账可以让孩子从小养成记录的好习惯，遇到的一切美好的事物都可以用心观察，记录下来。

美食手账

美食手账

2.5.6 通过手账轻松掌握健康知识

很多人都爱看健康类图书，听健康类课程，可图书上密密麻麻的文字容易让我们看了后面，忘记了前面；听课程也是一样，总是记不住。这时就需要手账了，可以利用手账笔记轻松掌握健康知识。大部分人不喜欢单调、乏味的知识，喜欢色彩鲜艳、有图像的知识总结，这样的总结会提升记忆效果。

我亲身体验过。我曾经学习了一门主题课程，用手账笔记的形式记录了下来，第二天正好有人咨询这方面的问题，我在没有复习的前提下，把课程的一些关键内容都讲了出来，一幅手账图胜过千言万语。如果是一堂健康课程的笔记，可以按照需要的版式，对内容进行整理，一个主题一个模块，同时增加一些图案和箭头，这样可以让整个笔记图文并茂、便于记忆。

新手在初期时，不要对自己要求太高，可以用简单的简笔图案表示，而且只准备一支四色笔就可以了。如果想学习一些简单的线条、数字艺术体等，相关图书中也简单做了介绍，可以现学现用。

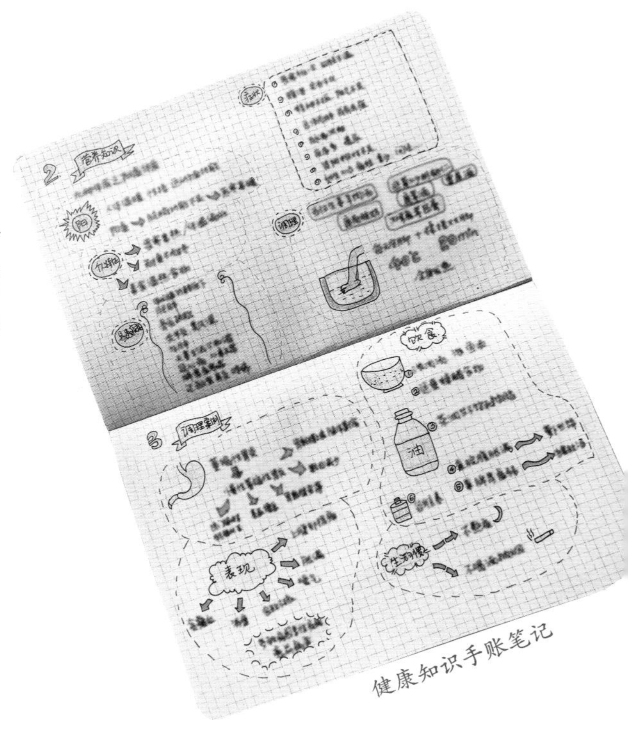

健康知识手账笔记

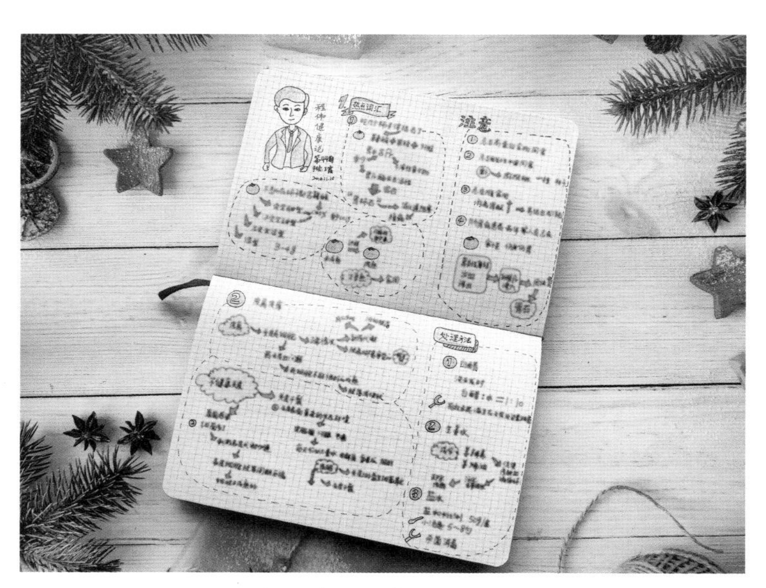

健康知识手账笔记

3

工作计划篇

3.1 让手账成为月度规划的助力器

用手账来管理，我们首先要有一本手账本，这本手账本里的内页形式可以是方格页、点状页或者空白页。当然，最好是方格页。因为方格页便于写上序号或者日期，可以用一小格来代表一个日期。

我们来看看月计划手账页面，我把它称为月行程，这张内页有左右两部分，右边为圆盘月计划。圆盘上面规划的内容都是当天固定的行程，可以是学习或者参加聚会等其他事项，尽量不要更改。

怎么制作圆盘月计划呢？具体来说：

第一步，画出圆环——用圆规或者家中的一些圆形物体辅助画出两个圆。

第二步，等分圆里面的小格子，写上日期，并用彩色铅笔标注自己的休息日。

第三步，在圆的中间做一些装饰——可以用字母来表示，也可以用胶带粘贴。

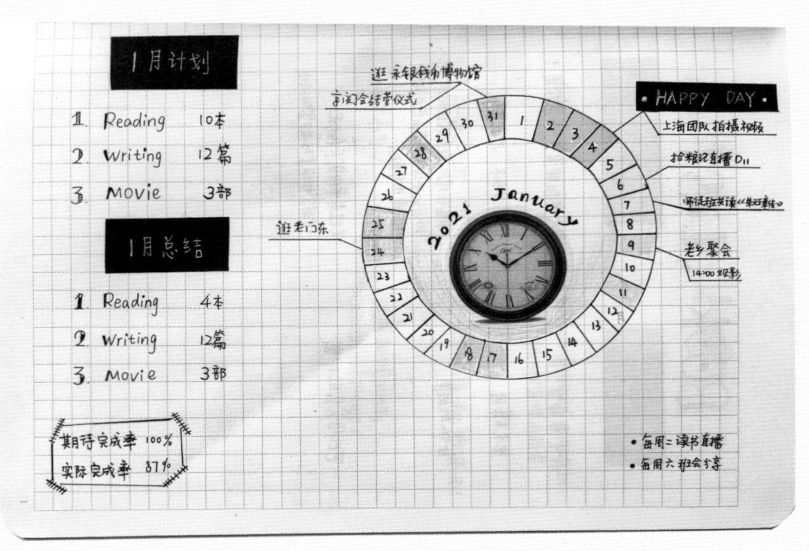

月计划

第四步，把这个月的行程计划全部列出来。

如果只知道部分行程，可以先列出知道的行程，其他的可以暂时空出来。如果一些行程是不确定的，可以用可擦笔书写。如果到时候没有去，就可以把它擦掉。

制作圆盘月计划的目的是什么呢？

可以清楚地知道自己哪一天有哪些事情，整个月的行程一目了然。

手账页面的左边是每个月要做的固定事项，就像吃饭一样，是必须完成的。一般列出三件事即可，不要列得太多。一个月结束以后，我们需要做一个总结，把完成的数目列出来，在左下角方框里填写期待完成率和实际完成率。

3.2 行动清单，让一天更加高效

每日行动清单，就是在制订月计划、年计划、各种清单时，把任务安排在每日去执行。每天睡前可以做一下手账整理，把每

TO DO LIST

一天所完成的任务事项记录在手账本上——可以用贴纸去代表一天，用红色笔书写数字的区域。第一行红字是如果你想活到100岁，还剩下多少天；第二行红字是365天已经度过了多少天。黑色针管笔书写的则是这一天完成的任务事项，同时需要把番茄数目标识出来。番茄数目可以换算成时间，比如手账上是22个番茄，大约可换算成11个小时。页面的左上角可以设定本周重要的三个目标。

做手账记录的最终目的就是，你可以对做过的事情一目了然，同时也便于识别自己是否松懈了。只要坚持不松懈，就能够获得满满的成就感。

3.3 用手账做好个人管理，人生也将蜕变

在我们做完每日行动清单以后，到一个月结束，需要对这个月进行复盘和总结，回顾这个月在工作、学习、财务、健康等方面做了哪些事情。复盘就是对这个月做的所有事情进行分析，找出不足之处，并在下个月改进。

复盘内页

复盘可以采用九宫格形式，在中间格子里写上几月复盘，在周边的八个格子里填上不同的事项。人生不是只有工作、生活，还有很多面，就像一个个的车轮。如果只有一个轴比较长，其他都很短，那这个车轮也是转不起来的。所以，我们需要保持各方面的平衡。

这个平衡点可以根据每个人的具体情况做适当的调整。

这只是一个月的复盘，如果能把一年的复盘做完，然后进行对比分析，就会发现我们的成长是呈阶梯式的。我们还可以打分，比如1~10分，10分是满分，针对这个月的表现，给事业、财务、人际关系、家庭生活、兴趣爱好、健康、个人成长和自我实现八大方面打上相应的分数。当然，如果每一项都能达到满分，说明这个人生规划在朝着好的方向发展。需要注意的是，复盘的时候，在每个空格里稍微留点空白，简短列出原因和改进的方式。

当然人不可能是完人，分数不是很高则能督促我们更加努力，同时说明有发展和提升的空间。做完复盘后，我们能清楚了解这个月发生的事情，也知道在下个月要改进哪些方面，需要继续保持好哪些习惯。如果没有每个月的复盘，以后的发展可能就会像迷雾一般。

我用的是思维导图的形式去呈现月总结，这种形式分为输入和输出两方面。输入就是从外界接受的一些知识，即学习的课程、阅读的书籍、某些爱好、养生方式等。输出是经过思考，做了笔记、写了文章、做了分享等。我们要关注输入和输出的比例。初期，输入花费的时间比较多；后期，我的输入输出可以达到1∶1的比例；再继续努力，如果输出能力已经非常强了，就可以达到输出比输入多一些。

注意，复盘和总结一般是放在月底完成。

曾子曰："吾日三省吾身。"如果我们一直在学习，没有停

每月总结

下脚步进行反思及改进，那成长速度也是很慢的。

反思的内容可以是一天的生活、学习、工作，也可以是旅行或人际关系等。比如我在一次旅行时，由于没有提前做好攻略，旅行结束后不仅收获很少，也走了不少弯路。反思后，之后的每次旅行，我都会做一些基本规划，把旅行的心得体会记录到旅行手账中，也把心情用旅行日志的形式写下来，每一次旅行都收获满满。

反思的目的就是再次遇到同样的情况，不犯同样的错误。如果想不出来改进的方案，可以咨询其他人，或通过网络、相关图

【DAY 4】

当日反思&改进

1. 旅行攻略一定要先研究研究，不然只是看风景

改进方法：设计自己的旅行地图；规划plan A&plan B；查阅攻略、拍美照、写游记。

2. 只要投入学习，就不能三心二意了，不要老看小本本。

改进方法：为每个任务订好　　。预计⏰。想要看时，克制住，转移注意力，享受一气呵成。

当日学习

1 大咖们　朋友圈流行「闭关中」、「写书中」……
我也需要让自己一段时期处于一种状态中 1+N（如论文、考bo、写书…）

2 尝试改正自己的　　　⟹　多思考、自省、行动……

3 以后只跟随榜样学习，只看大师们的书、课……约见TM

4 只有静下心来，耐得住寂寞，才能真正做些有意义的事。

反思日志

书找出答案。反思的内容也不需要很多，如果能每天想出一条或者每周有几条，都会进步。

3.4 写作清单，可以让你笔耕不辍

我之前的写作是想到什么主题然后就去写，后来发现写作效率很低。反思之后，我改进了方法，提前把写作的主题列出来。在平时会有一些灵感，也会接触到一些素材，我就及时把这些灵感和素材积累下来，在写作时就能信手拈来了。

我们现在就可以规划一下本月或下个月想写的主题，并写下来。如果有突然的灵感，也要记录下来，做一个系统的写作清单，这可以激励自己前行。哪怕一开始一个月就写一篇，可以慢慢增加，由少变多；哪怕一开始就写100个字，也是一个新的开始。

3.5 有了微梦想清单，每天都能实现“小确幸”

每个人都有梦想，比如环游世界，在万人讲台上做分享，或者拥有一个公司，出版自己的图书等，这些梦想在短期内不太容易实现。很多人发现梦想一年没有实现，十年没有实现，可能就会放弃，不再去追求自己的梦想。

为了避免这种情况，我们平时应该给自己确定一些微梦想。

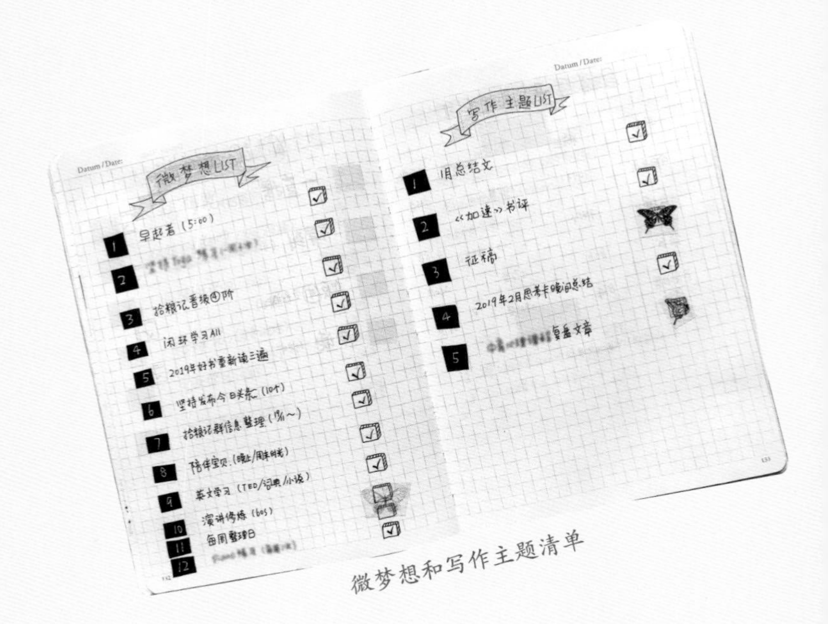

微梦想和写作主题清单

把梦想拆成一个个微梦想，努力实现微梦想。当所有的微梦想实现了，梦想的实现也就不远了。

我有一个梦想是做瑜伽达人。为了实现这个梦想，我把这个梦想拆成了很多微梦想，其中一个微梦想是每周坚持做三次瑜伽。我把这个微梦想记录在手账本上，很容易就实现了。

总之，微梦想清单是你想做而且能做好的，但是因为某些原因，一直没能很好地完成。你把这个微梦想写在手账本中，每天去看一下，这样会激发你努力向梦想迈进。

大家可以根据自己的实际情况列出微梦想清单，一开始对自己的要求不要太高，哪怕这个月只做到了一次，也在后面打上钩，以此激励自己继续努力。

3.6 自律的人都爱的清单手账

时间如白驹过隙，转瞬即逝，假如我们能拥有百岁人生，也不过3万多天。这一生我们做了很多事，有些是应尽的责任，有些是自己的兴趣爱好……如果没有好好记录，这些也如时间般成为过眼云烟。但如果把生活中的点点滴滴记录下来，将成为独一无二的清单笔记。如果把生命比作图书馆，那么每写一本清单笔记，就是为这座图书馆增添一册图书。在追求生命意义的过程中，你的生命图书馆便成了可供你随心借阅的强大资源。

有的时候我们会发现，有些人的事情不是很多，却手忙脚乱；而有些人身兼数职，却总是从容不迫，还可以放空去休息。一些有成就的人习惯用清单式思考，比如富兰克林、爱迪生等，他们习惯把该做想做的事情变成可以快速浏览、方便执行的一系列清单。清单的魅力在于它不是时间管理工具，而是一个以目标为导向的做事习惯。一个小小的目标，一张清单，无论大小都行。

常见的清单有阅读清单、电影清单、旅行清单、购物清单。此外，还有其他清单，比如想做的事情，想看的电视剧，或者想

阅读和电影清单

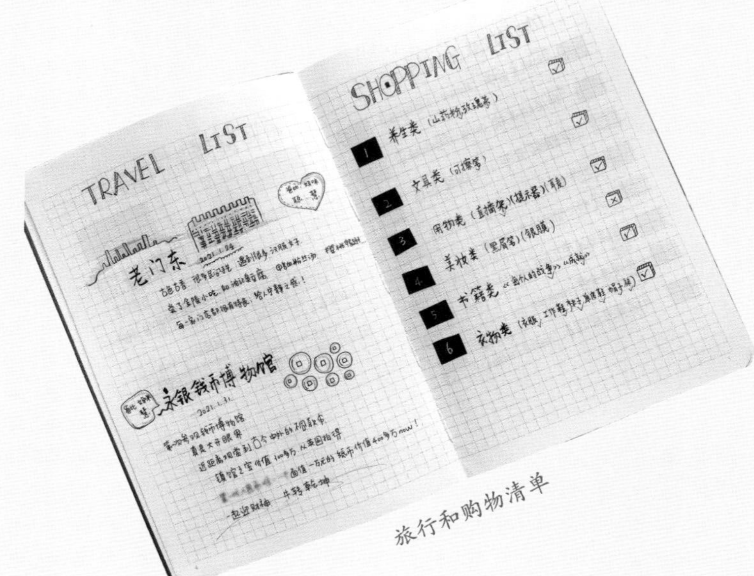

旅行和购物清单

尝试的App，再或者是喜欢的餐厅和想参加的活动等，都可以在手账本上列出清单。

我了解到的一位很厉害的“清单控”，到目前为止，他的大大小小的清单种类差不多有200多种。很多人都希望自己能在事业上有所突破，财务能更自由，生活能更满意，身体也能更健康，但是他们经常会找一些借口，比如时机不对或者是资源有限，而不去行动。

一旦列一个清单，那目标就有可能实现。所以，我们在想有所突破时，不能只是想想，需要立即采取清单式的思考方式，利用手账把目标写下来。这个目标可以小到去购物，也可以是写一本书，一旦形成文字，实现目标的可能性就提高了。

清单记录有什么好处呢？

第一，可以减轻压力。有的人觉得自己的事情特别多，忙不过来，压力很大。如果想减轻这种压力，就可以去列清单。

第二，可以提升逻辑性。清单不仅仅是一种生活规划，也是一种锻炼。

第三，列清单可以让我们更专心。我们可以把清单当成导航，能专心致志地朝这个目标迈进。

3.6.1 月目标清单

其实看一个人一年的成果有多少，只需要看他每个月的目标。

很多人都有这样的体会，平时忙忙碌碌的，但是到年终总结时发现自己好像没有干出什么成果。其实一个主要问题就是没有把每个月最想做的、对自己比较重要的任务列出来，当然也没能全力以赴地去完成这些任务。

列在月目标里面的任务，不应该是紧急的任务，而应该是比较重要的任务。要以目标为导向去制订每月的计划，这其实就是

月目标清单

在做准备工作，每次的目标数量也不要太多，最好不超过七项。因为目标太多，容易被其他事情影响进度，在下个月可能会有一些挫败感。

有些读者可能会奇怪，我的这个目标清单中为什么没有“阅读”。这是因为阅读已经是我日常的必做事项。但是，如果你想养成阅读的好习惯，就可以把它列在月目标里。如果一个人只知道每天埋头苦干，没有目标和方向，是很难做出成果的。

3.6.2 自媒体平台打造清单

现在进入了5G时代，自媒体平台也成为每个人的必备工具。这就需要制作一个自媒体平台打造清单，包括今日头条、微博、抖音等。这些自媒体平台是需要去运营的，你可以发布一些有价值的信息在平台上，当然这些信息要有针对性。我在不同的平台发布的内容是不一样的，比如微博，我专门用作阅读和写作的打卡；今日头条，主要做饮食相关方面的垂直领域的回答或写文章；千聊，主要做一些课程的分享等。其实微信也算自媒体平台，在朋友圈里发布内容同样可以增长粉丝，也可以去扩大影响力。

建议大家开通一些自媒体平台的账户，因为在互联网时代，我们可以分享自己的声音、文章、知识给需要的人。

自媒体平台打造和情感清单

3.6.3 财务清单及禁止清单

财务清单主要是列出我们平时每天支出多少、收入多少。一个月结束后，你就会发现自己在什么地方花费比较多，进而改善自己的财务状况。

此外，可以用可擦笔列出一些资产来源，在月初的时候写上去，用可擦笔的好处是可以随时变更财务信息。

财务清单列好后，你所花出去的每一笔钱都清晰可见，这样也会让你不乱花钱，投资清晰明了。最右下角是一些汇总，你可以把所有汇总的数目填好，通过每个月的记录你就会发现自己这个月投入比较多的是什么，比如我在学习、健康、食材等方面的投入比较多。这样就可以过得明明白白，清晰地知道自己把钱花

财务清单

哪儿了。

财务清单也可以更细化，进而列出净资产清单。

净资产就是你拿到手的收入，也就是税后收入。在生活中，我们不仅要工作、学习，也需要管理好资产。

我把净资产清单分为4个条目，第1个是类型，第2个是管道，第3个是收入，第4个是时间投入。我希望大家都去建造自己的收入管道，如果你的管道越多，抗风险能力就会越强。当然，这些管道需要根据实际情况填写，要尽量能够把所有大大小小的资产汇总起来，做好整体规划。

为什么要写时间投入？因为时间很宝贵，从现在开始就要做

净资产和禁止清单

好这方面的规划，一旦把时间投入写上，在汇总的时候就可以用总的收入除以时间投入，计算出单位时间的价值。这样记录可以督促我们努力提高单位时间的价值，让自己更有效率。

禁止清单就是我们的原则。为什么要做这样的记录呢？因为在平时的生活和工作当中，我们总会面临着一些选择，如果之前已经制定好了自己的原则，那在做判断、做选择的时候，就不会偏离太多，就会按照自己的价值观去做事。禁止清单包含的事项不需要太多，每个月有4~5项就可以了。想想如果我们每个月都能有这么多，那一年下来也就有几十个这样的原则了。

3.6.4 打卡清单

有些人做事情喜欢打卡，如果打卡项目比较多，就需要做一个汇总，每个月的第一天把所有的打卡项目写下来，到下个月的时候，再把这些项目更详细地列出。这样，你就会看到自己的进步，以及自己打卡的具体天数。

打卡项目清单里，有可擦笔写的两种颜色的记录。一种是绿色，就是坚持得比较好的项目；一种是红色，就是坚持得不是很好或者根本没有坚持的项目。从颜色看一目了然，而且能提醒自己该做哪些改变。

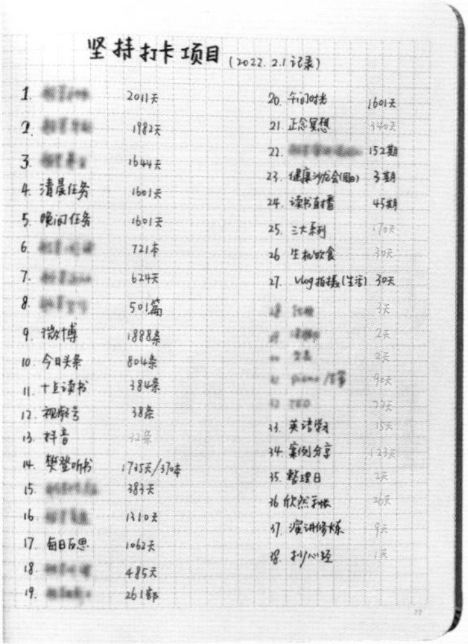

我们还要注意的是，打卡按照次数从多到少的顺序进行排列，比如手账我坚持了2000多天，早起坚持了1900多天等。这种排列顺序可以让自己心中有数，知道哪个项目坚持得最久。

坚持打卡项目清单

坚持的大项目，我的一个周期大概是1000天。如果我们能够坚持做一件事情1000天，那我们的认知水平都会有一定程度的提升。1000天以后，需要对这个项目做一个总结。总结的形式也比较多，可以是一次大规模的分享，也可以是开发课程。这种成果式的打卡形式会督促我们坚持做得更好。

在坚持一项打卡的时候，如果能坚持21天，进而100天都能坚持得不错的话，那就可以往上加项目，这样就会充实整个打卡项目列表。在你坚持一段时间以后，这些项目就会成为你的舒适区里的任务，你做起来不会很费劲，就能腾出更多的精力和时间开始一些新的项目。

我每天都会在朋友圈做这种数字化的记录，如果你没有在朋友圈打卡的习惯，也可以找个小本子把这种打卡有意识地记录下来。这种打卡项目汇总会让你的目标更明确。特别是，大项目越来越多的时候，可以做清单尝试。没做清单的时候，我总是去朋友圈翻找，但是有的时候项目比较多，而且有些项目不是每天都打卡，在翻阅过程中难免会有遗漏。所以，后来做了这样一个打卡清单。

3.6.5 甘特图清单

甘特图清单就是，先把一些清单列好，然后纵向依次写下来，横向写上当月的日期，然后用彩色铅笔把休息的日期标上。在完成一项任务后，用彩色铅笔涂上颜色。我比较提倡用方格本来做这样的行程安排，因为每个格子都可以写上日期，不会有大小差距。

需要注意的是，要用几条加深的线，把一些任务分隔开来，

甘特图清单

这样可以与之前的一些内页安排相吻合。比如第 4、5、6 项分别是阅读、写作和电影，对应在手账第一页的月行程；第 7~12 项是我在制定目标的时候列出的一些项目；第 13~16 项是在囤课清单里列出的一些项目；第 17~30 项是我的微梦想清单里列出的一些项目；第 31~36 项是一些打卡项目；第 37~45 项是其他的活动。

总之，把一个大的目标细分到每一天，这样我们能够清晰看到自己每天的进步和成长。我的手账本上有一些项目每天都会用彩色铅笔涂上颜色，而有些项目是跳过格子，因为有些项目每天都会去做，但有些项目是一周做一次，还有一些项目是不定时的，比如一个月做3~4次。

为什么没有把全部项目列出来？

因为有些项目，是你现在每天能够坚持做的，就不需要列出来。写在甘特图上的项目可以是新增加的一些项目或者想督促自己每天做的项目。

甘特图就是为了能够同步完成多个项目而设置的。甘特图让我们能够清晰看到各个项目的进展情况，每月总结的时候更有针对性，调整时目标也更明确。

3.6.6 10000个番茄挑战清单

每天可以抽出时间来绘制波点图，把我们每天的时间效率图像化；也可以用番茄数目去标示自己每天任务的完成情况。当然，也可以把时间拉长一些，做一个月汇总。

横坐标代表日期，纵坐标代表番茄数，可以根据自己的情况标上番茄数目。如果是初学者，可以用1、2、3、4、5等标注番茄数，当自己每天的番茄数比较多时再更改数字（番茄数怎么获得，可以看后面的介绍）。

看着这些上下起伏的线条，需要思考为什么有时效率特别高，有时效率特别低。是否可以总结出一些规律，在以后的生活、学习中改进。

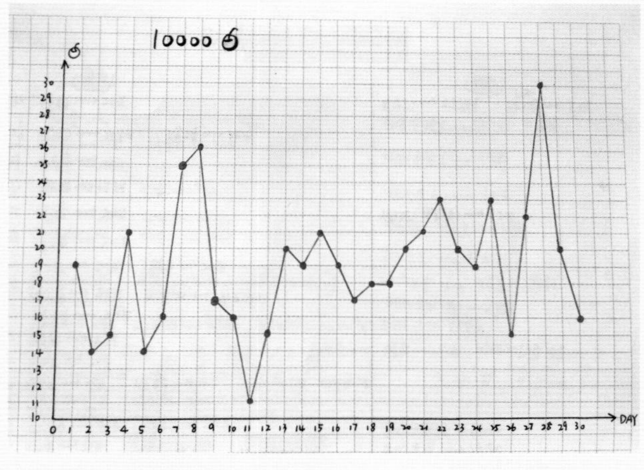

番茄挑战清单

3.6.7 晨间日志

晨间日志需要用到B6手账本，小手账本比较方便携带，当然也可以选择一年度的手账本。这里主要介绍B6手账本。

晨间日志是每天早上起床后要做的第一件事情，其里面包含的内容比较多。首先是右上角写上日期，然后写上起床的时间。左上角写上这一年的倒计时，同时写出当天的三个主要目标，如果能完成这三个目标，就是比较有收获的一天。此外，左上角还有几个数字“7+10+7”，和正好等于24。其中，第1个7代表睡眠时间，10代表学习成长需要的时间，第2个7代表工作或者平时吃饭、走路等的时间。

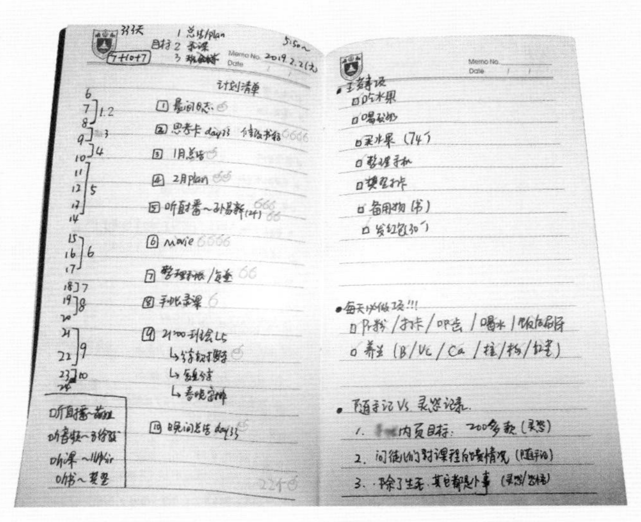

晨间日志

睡眠和工作时间一般不是我们所能控制的，我们能控制的只有学习成长的10小时，这10小时不是精确的，而是用番茄数来表示。其不是严格意义上的10个小时，而是时间轴上的时间间隔。

我们列出当日的计划清单，然后把清单上的任务分配到时间轴上。假如中间有突发事件或者临时增加的事情，可以在时间轴上进行增加，如图片上14：00—15：00是留白时间，就可以在这期间完成额外的任务。有些人喜欢用“几点到几点做什么事情”记录，这样的计划有一定的弊端，假如中间有一项事情没有及时完成，就会影响整天的行程安排。用时间轴的好处就是，可以随时增加或者减少事项，因为它是以每一个时间段作为单位的。例如早上6~8点这段时间，我的安排有：晨间日志、准备好思考卡的项目、修改书稿。

晨间日志的左下角可以列一些经常要听的课程项目，这样做的目的就是方便利用时间间隔及时聆听课程。右边第一个是琐事项，这些琐事需要列下来，比如去银行、去干洗店等。这些小事虽然不是很大的任务，但是如果一直存放在大脑里就会干扰学习的效果，所以需要把当天要做的琐事列出来，做完以后就打个钩。在完成一项任务后，如果要休息一两分钟，那么就可以做这些琐事项。右边第二个是每天必做项，我的必做项是一些生活习惯，比如喝蛋白粉、吃核桃等。

晨间日志右边的最下面可以是随手记或者灵感记录。后面已介绍专门用来记录灵感内容的手账本。晨间日志列完以后，需要每天执行。在执行过程中，我们可以使用番茄钟做统计。一个番茄的正常时间是25分钟，但是也可以做一些灵活的变动，比如晨间日志，我一般不会写到25分钟，最多写十几分钟，因为晨间日志记录的是重要的有价值的事情，所以可以用一个番茄来表示。做其他任务时，我们需要看一下具体耗时，比如写月总结，开始时间是8:00，完成时间是8:30，也可以用一个番茄来表示。每天晚上都需要统计自己一天内得到的番茄数，通过这样的记录和统计，可以看到自己这一周的整体学习状况。如果在一周内，番茄数基本上都是保持在同一水平，说明这周的节奏比较好；如果发现番茄数很少，就需要进行反思，分析原因。

4

学习提升篇

4.1 囤课清单，缓解压力

相信不少人都有这样的体会，买了一些课程，却没有学习，想放弃，又觉得可惜，但如果一下子全部完成，也是不太可能的。所以，在手账本中就可以为囤课学习留下一页，每次可以制定一项或两项学习任务，并尽量在当月完成。按照一定的节奏，逐步完成，相信总有一天，会解决掉这些囤课。

囤课清单

设立囤课清单的目的是缓解压力。2016 年，我也买了很多课，也没有学习完，当时我的压力很大，后来再看到一些喜欢的课程总是纠结要不要购买，怕没有时间完成又怕错过好课程，最终导致恶性循环——有一段时间甚至都不去看囤的这些课程，只是继续购买新课程。使用手账后，我把囤课清单增加进来，课程学习慢慢进入了正轨。

如果你也给自己囤了很多课程，不要有压力，可以先把所有的囤课列出来，然后根据情况把现在要学习的课程列入囤课清单，每天去实现一些。

通过把大项目（所有囤课）拆解成一个个可以立即行动起来的小任务（当月囤课），大项目就会逐步完成。每当完成一个个小任务，你就会很有成就感。当完成一个个阶段性目标后，我们还可以给自己一些奖励，鼓励自己继续前行。总之，只要心中有信念，加上坚定的行动力，所有的“障碍”都会清除。

4.2 闭环学习清单，让你不再虎头蛇尾

闭环学习清单中的闭环，顾名思义，就是在开始任何一项学习任务的时候，都要收好尾，也就是说既要有输入，还要有输出。闭环学习分为小闭环、中闭环和大闭环，这样分类的依据是输出难度的大小。小闭环，比如听完了一个5分钟的音频，写出一个关键词，这就是一个小闭环；中闭环，比如听完一堂课，整理成笔记，这就是一个中闭环；大闭环的难度最大，比如听完课或者是学完一些知识以后，写了一篇文章，甚至做了分享或者是教给别人，就可以归为大闭环。

对于不同的闭环需要采取不同的输出方式。我们平时总是喜欢列一些比较大、比较泛的目标，如果想让这些目标实现，就需要把它们具体化，并且写下来。有些伙伴在微梦想清单里提到了闭关学习，如果仅仅写下这几个字，肯定不知道具体该做些什么。其实，闭环学习清单是把之前的目标做了详细的拆解，或者是为梦想做了一个更加细化的步骤。

例如，手账内页有十五项输入，同时对应了输出形式，当然

还需要考核完成率。输入包括当月的阅读、听书、音频、线上各种课程、线下大课、信息整理、兴趣爱好等。输出形式也很多样化，如关键点记录、思维导图、手账笔记、视觉化笔记、文章、书评、作业、自媒体平台发布等。

闭环学习清单

课程登记内页

经过多次试验，我发现，把听课内容归纳在一个本子上面，这样效果会比较好。

在第一行写上序号、课程内容、来自哪个平台、输出。输出形式有的是打钩，有的是写上了一些关键词句。在听课的时候，有些课程需要泛听，还有很多课程需要精听，听完以后还要做一些输出，输出的内容则需要在另外一个手账本上记录下来，可以使用思维导图、手账笔记、康奈尔笔记或其他笔记形式。

我对课程手账做过两次调整。之前我把所有课程都提前写在上面，后来发现，很多课程都不能按时听完，中间会有很多的空格。调整后，我把每天听完的课程按照日期的顺序进行记录，保证每天都能听一节或者两节课程。做好这些记录，就能知道每天完成了多少课程内容，做阅读计划或者年度计划时就会对所有的学习内容做到心中有数。

每当进行月总结时，看到当月满满的课程记录，就能看到自己所有的努力，而且效果非常好。

4.3 高效学习笔记是如何炼成的

俗话说，好记性不如烂笔头。我们可以把所思所学写在手账本上，让手账本成为一个载体。笔可以把内心世界与外在世界进行深度对接，比起打字，用笔手写带来的触感更能有效刺激大脑，如果配上图案，还可以很好地开发左右脑。另外，手写也可以激活大脑中的一些区域，学过的知识会更深地印在大脑中。

手写不仅能帮助我们思考，也能帮助我们感悟。

每当我们一笔一画写作时，便自动把有价值的信息筛选出来。真正的效率无关速度，而在于我们是否为真正重要的事留出了时间。

我在做笔记手账时，喜欢每个月都做一个封面，每个月都有不同的图案，而且会在封面上写上不同的字体。

我用方格本做听课笔记，有时也用空白页的手账本记录。我主要采用四种记录方式——第一种是思维导图，思维导图功能比较广泛，听课、阅读书籍或者听讲座，都可以用思维导图来整理。第二种是手账笔记，思维导图自己可以理解，但是给其他人看的

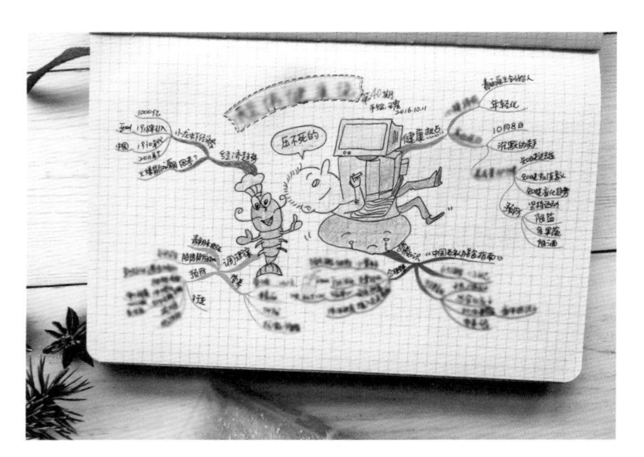

思维导图

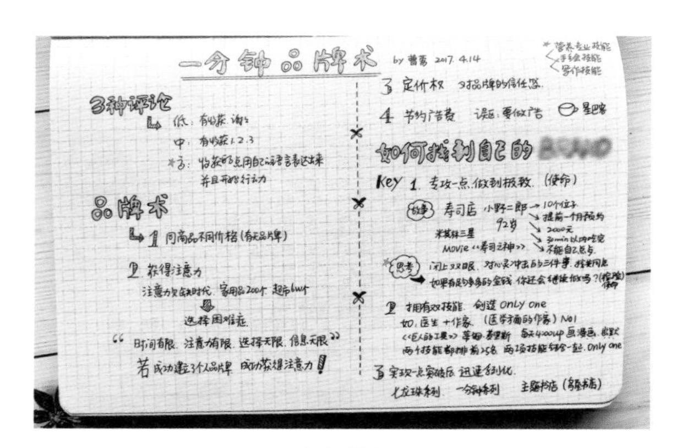

手账笔记

时候，其他人不一定能看明白。要让其他人也理解，就可以采用手账的方式记录。第三种是康奈尔笔记，读完一本书后可以采用这种笔记法，其分为三个部分：第一部分是对图书内金句的摘抄；

改良版康奈尔笔记

改良版康奈尔笔记

第二部分是自己的想法；第三部分是需要做的行动。第四种是视觉笔记，即图像的视觉呈现，可以是黑白的视觉笔记，也可以是有色彩的视觉笔记。

视觉笔记

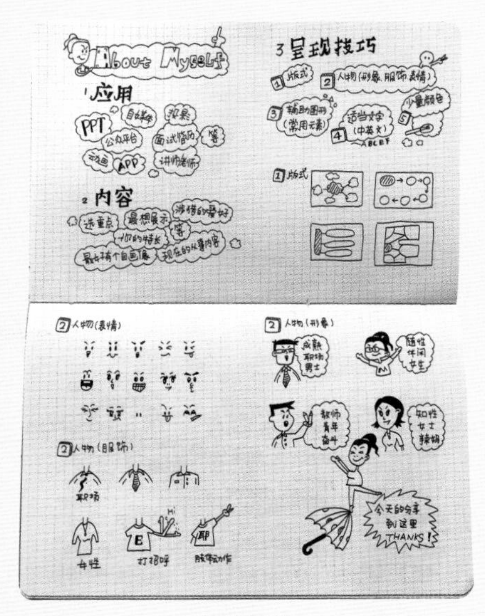

视觉笔记

笔记本需要时常拿出来翻阅，检验自己是否完成了其中的内容。如果是传统的写满密密麻麻文字的笔记，做完可能就不想翻阅了；如果笔记写得过于简洁，没有提炼出关键字，可能一段时间后，自己也记不起到底写了什么了。

因此，高效学习笔记应当具有较长“保质期”，确保在当下简单易懂，过了几年再回顾时，也要清楚明白。

4.4 读书笔记，实现从读书“小白”到一年读 100 本书的逆袭

手账对我改变最大的就是读书。以前，我买书如山倒，读书如抽丝。家里书架满满的书，读过的并不多。但自从开始用手账来管理生活，我把每天、每周要读的书，都写在手账本上，让读书成为日常生活的一部分，每天都留有固定的时间来读书。如果哪一天没有读书，晚上及时复盘，寻找导致当天读书任务没有完成的原因。就这样，我慢慢养成了每天阅读的习惯。随着阅读数量的增多，我的阅读速度也越来越快，最初给自己定的“一年读 100 本书”的目标也顺利达成。

每月阅读清单

其实除了阅读，手账还可以帮助我们培养其他习惯，如运动、写作等。就这样完成一个又一个小目标，直到最后拥有自己想要的人生，成为自己想要成为的人。

在使用手账的每一天，我的生活都在悄然发生着变化。以前我的休闲方式是逛街、聊天等，而现在是读书、运动。我也越来越喜欢和享受现在的休闲方式。每当我有拖延行为时，就会看看在手账本上已经写好的事项，然后就会放弃拖延。慢慢的，我对生活有了掌控感。

4.4.1 为什么要写读书笔记

阅读是件令人愉悦的事情，但是我们没办法记住所有喜欢的内容，这就有必要借助工具来帮助记忆，读书手账就是很好的工具。

记录每个月的读书数量

朋友有时候会问我，读完就忘该怎么办。我没有这种情况，因为读完后，我会写读书手账。有了读书手账，不仅能加强记忆，增加坚持下去的动力，还能让内心更加平静，有治愈的效果。

当我们有意识地写读书手账时，会沉浸在书中，这样能更容易理解内容，也更容易在书中获取对自己有用的信息。读书手账中记录了很多写作素材，可以帮助我们提高写作能力。

提醒一下，我们要经常把读书手账拿出来看看，如果写完就搁置一边，读书手账的作用就不能发挥出来。在翻看手账的过程中，我们可以反复记忆书中的知识点，同时也能为写作带来灵感。

4.4.2 有颜值的读书笔记长这样

自从完成“一年读100本书”的目标，我已经离不开阅读了。我在前面提到，读书手账是很有效的记录方式，所以在读完每本书后，我都会写读书手账。

《个人品牌技能指南》读书手账框架类

我的读书手账有两类：框架类和摘抄类。我的习惯是，把专业的、应用类图书的笔记写在框架类的本子上；文学、散文类图书的笔记写在摘抄类的本子上。

读书手账本子可以自由选择，选择自己喜欢的就行，我喜欢

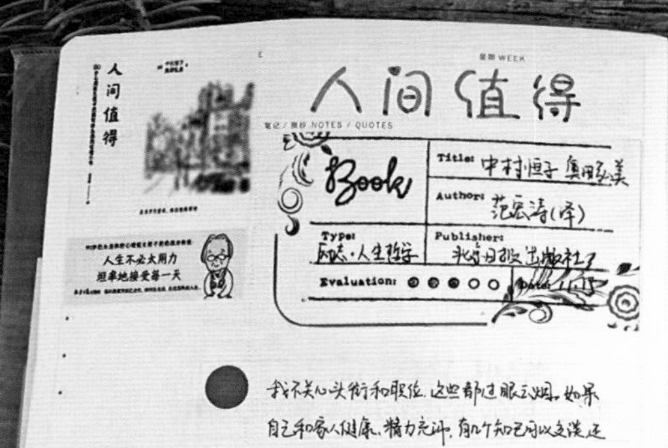

《人间值得》读书手账摘抄类

葱鲔火锅式读书笔记
摘抄评论手账

用点阵本。

★葱鲔火锅式读书笔记

葱鲔火锅式读书笔记来自奥野宣之的《如何有效阅读一本书》这本书。有两个要素：摘抄 + 评论。摘抄大家非常熟悉，评论就是对摘抄内容的感想。用圆形表示摘抄，用五角星表示评论。

4.4.3 读书手账上应该记什么

正在读书的你也许跟之前的我一样，写完读书笔记就再也不会翻看了。写读书笔记就是为了回看那些对我们有帮助的文字和信息，如果再也没有回看，读书笔记存在的意义就不大了。

《坚持，一种可以养成的习惯》读书手账

写读书手账后，我回看的次数就越来越多了。没事的时候，我就喜欢拿出来翻一翻，这也给我的写作带来很多灵感。

那如何用写手账的方式来写读书笔记的呢？

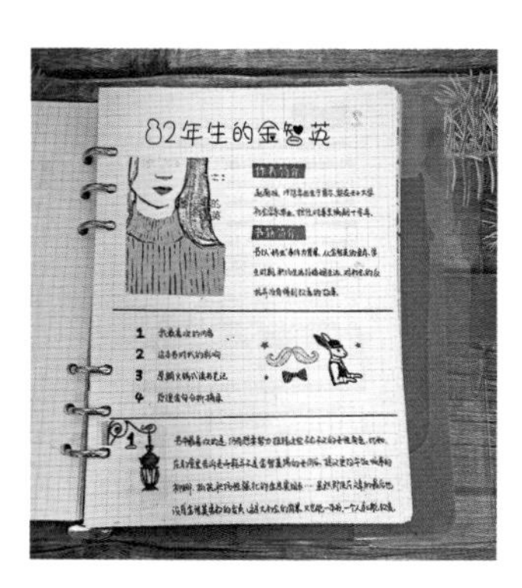

《82年生的金智英》读书手账

★标题要醒目

标题字体有很多种，我们并不需要专门练习。写出好看的标题字，模仿是最好的方法。首先，在搜索框输入关键词“字体转换器在线转换”，就会出现很多种字体供选择；然后，打开其中的一个页面，输入文字，在下拉框中选择字体，就会出现标题的相应字体；最后，进行模仿，完成标题的书写。

★图书信息

图书信息包括封面、作者简介、内容简介。

封面，有些书的封面我是用错题机打印的。错题机非常小巧，方便携带，但是打印出来是黑白的，然后我会用彩笔涂色。我家里还有个彩色打印机，我会把最近要读的书的封面都放在一个页面上，然后打印出来。如果家里没有打印机，可以用电脑编辑好之后，到外面的打印室打印，一张纸上可以打印出很多的图书封面。

作者简介，书中都会有介绍，有些简短，有些较长，我们可以用几句话来概括，把最主要的内容写下来即可。我们了解作者，有助于了解图书本身。

内容简介，需要做高度概括。我们可以想象一下，对面坐了一个朋友，我要用怎样简短的语句进行精确表达，让他听完后有想读这本书的冲动。

★最喜欢的内容

二八定律告诉我们，一本书的精华占到全书内容的20%。读完一本书后，精华肯定是我们最喜欢的那部分。那为什么这部分内容会吸引你？把这些记录下来，有助于我们慢慢了解自己。

以《82年生的金智英》为例，书中讲述了很多情节，我最喜欢的是那些大胆独立的女孩追求平等的情节，如女同学在教室里说鞋并不是金智英踢的，柳娜提议更改午饭顺序，等等。

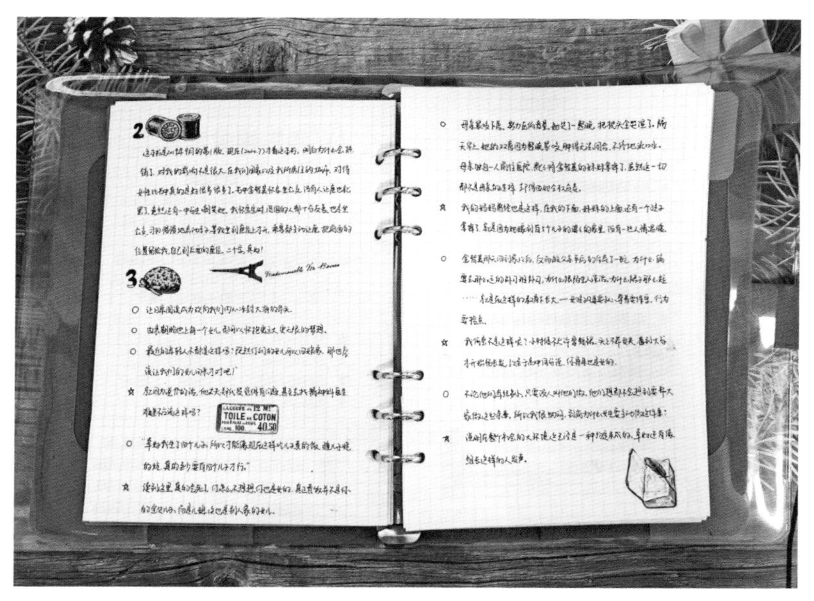

《82年生的金智英》中我最喜欢的内容

金句摘抄

在写读书手账之前，我写的读书笔记几乎都是金句摘抄。现在除了在读书手账中留有一部分进行金句摘抄，我还有个专门摘抄金句的手账本。平时有空，我就把读书手账拿出来看看，有时候我甚至像小学生一样，大声朗读。经常这样做，我在写文章的时候变得得心应手。我相信，很多人都有这样的摘抄本，通常都是摘抄完就搁置了。答应我，从现在起，好好地利用起来吧！

★图书带来的影响

几年前，我在看《曾国藩传》后，了解到曾国藩坚持每天写日记进行复盘，后来我就在手账本上每天晚上进行复盘。我的感悟是，无复盘，无成长。经过每天的复盘，我能感受到自己的成长和变化。

看完《持续行动》后，我不再去寻找所谓高效的捷径，包括读书也是如此，就是每天读，逐字地阅读，脚踏实地地做好眼前的每件小事情。

其实，每读完一本书都会对自己产生影响，有的影响较大，有的影响较小。我在读名人传记的时候，经常会看到名人因为一句话改变了人生。所以，我们要去阅读，让阅读改变我们，改变我们的人生。

阅读的时候，你肯定会遇到怦然心动的句子，一定要记录下来。我有过这样的感觉，看到有共鸣的时候，心里就会一颤。这就是书中的句子对我产生了触动，我觉得，这是很宝贵的瞬间，很值得记录保留下来。

4.4.4 一位学习者的收获

阅读是我们人生当中很重要的一件事情。一位智者曾经说过："一个人是他读过的所有书的总和。"为什么阅读如此重要？因为语言意味着思想，思想是无价的。

学生时代，我的阅读量并不大。工作后，阅读时间更是不断减少，一年也读不了几本书。而且书读过之后，也没记住书中的内容。直到后来学习了手账，并把手账应用到阅读当中，奇迹发生了：阅读量不知不觉大幅度增长，而且书中的一些重点也记住了。后期想回顾一下这本书，直接翻阅阅读手账就可以了，不仅节约了大量时间，还大大提高了阅读效率。更重要的是，这些手账也成了我和陌生人建立联系的开端，因为阅读手账，我认识了一些志同道合的朋友。

那怎样培养阅读兴趣呢？写阅读手账就是一种很有效果的方法。有一位学员分享了一个案例：

我家孩子三年级了，学校规定孩子每学期阅读量不少于10

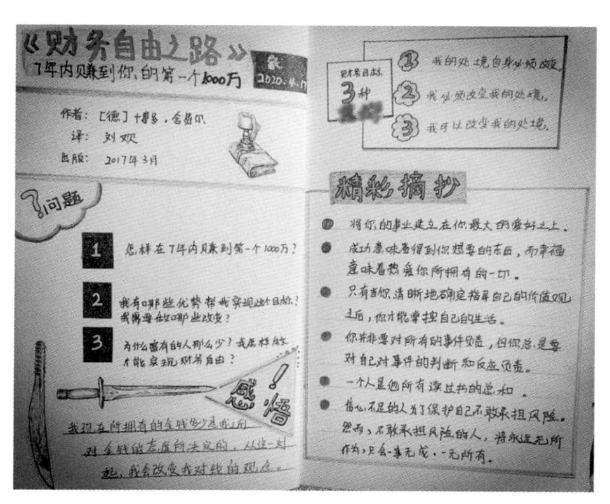

阅读手账内页

本书，每天最少 30 分钟阅读时间。刚开始孩子很排斥阅读，每次都坚持不了 5 分钟，我陪伴阅读后稍微有所进步。但渐渐发现，这种阅读方式有一个弊端——只要我不陪着他，他就不读，这怎么行呢？后来，我想到了阅读手账，我开始教孩子写阅读手账。虽然最初的阅读手账很简单，但孩子的内心得到了很大的满足。因为这些阅读手账是他阅读的证据，同时这些排版精美的阅读手账也让他很乐意和别人分享。

现在，孩子阅读不需要我的陪伴了，每天手账会陪伴他阅读。

5

个人成长篇

5.1 七大维度助力统筹全局

七大维度具体指的是成长手册、十五宫格、月度计划、晨间日志、小本本、十二大项目、坚持项目，它们分别代表的是五年规划、一年规划、每月规划、每日规划、代办事项规划、具体深耕事项规划、微习惯挑战计划。

5.1.1 成长手册

成长手册，就是记录成长——正在发生的或是将要做的一些事情。我们可以给自己设定一个期限（我设定的是五年），让自己去成长。之前介绍的各种手账，如日程计划、学习内容、目标等，都从这本成长手册中去实施。

成长手册相当于根基，把现在做的或者将来要做的事情都记录下来，从而让自己更加从容不迫。

每一种机器都有自己的操作说明书，我们的成长也需要有自己的说明书。

我们应该怎样去做属于自己的成长手册呢？

成长手册封面

120 岁的目标行动清单

留住年轻美丽的行动清单

多样化的运动清单

我的成长手册一共有75项内容，每项内容都需要去行动，去实现，去获得结果。

提醒一下，我的成长手册大家可以选择性借鉴，如果有新的内容要做，可以自由添加，一切都按照自己的个性特点去制作。

★健康养生

我们需要拥有健康的体魄，没有健康，后面所有的努力及奋斗都是虚无。如果要达到健康长寿的标准，我们就要作息规律，养成健康的饮食方式，做一些静态运动，如太极拳、八段锦等。

我们还需要保持一颗年轻的心，让自己又忙又美，不仅年轻貌美，而且要有年轻的心态和美的心灵。现在，我会把自己的行动发在朋友圈，这就是在督促自己，让自己坚持下去。

生命在于运动，还可以做一些动态运动，如瑜伽、跑步、游泳、潜水、滑雪等。

★兴趣爱好

好的电影作品可以让我们感悟到一些人生哲理，也能做一些创意发散。在电影板块，我们可以制定一年的目标，即一年观看多少部电影，可以通过哪些途径获得优质的电影资源等。观看完就可以针对自己对电影情节的思考，做一些电影手账。

音乐分为被动音乐和主动音乐。被动音乐是指欣赏钢琴名曲、古筝名曲或是听一些舒缓的音乐等。主动音乐则是指学习一门乐

电影作品资源库

音乐素养修炼室

旅行梦想清单

书法静心清单

休闲娱乐清单

器，用它来弹奏出优美的曲子。现在比较流行的一种心理治疗方法是艺术疗法，其中一种方式就是通过听音乐舒缓我们的情绪，陶冶我们的情操，缓解我们的压力。如果把学习乐器、鉴赏音乐作为自己的软实力，那就需要用手账来管理，根据自己的需求排上日程。

我们需要妥善安排自己的时间，把能力发挥到极致。这样能让我们的效率最高。如果你能够经常去旅行，行走的力量就可以让你比别人成长得更快，可以在有限的人生累积更多的里程。旅行手账可以把每一次的出游记录下来，积少成多，最后我们也可

挑战清单

以拥有属于自己的“旅行图书”。

休闲娱乐方面，有人喜欢追剧，就可以把想要追的剧目记下来，然后去看去思考。

如果你喜欢绘画，买了各种绘画的工具，就可以做绘画手账，尝试做绘画练习，可以看一些视频或者看一些画展，这些都可以记录下来。

手账的内页上留有很多空白，可以随时增加想要增加的内容。

★反思成长

每天清晨，写日计划清单，可以思考这一天要完成的各种任务，并一个个列下来。同时，根据这份清单去认真地执行。但是，我们需要闭环思维——清单的执行情况如何，是否与自己的计划相符合，这时就需要日计划清单手账本了。

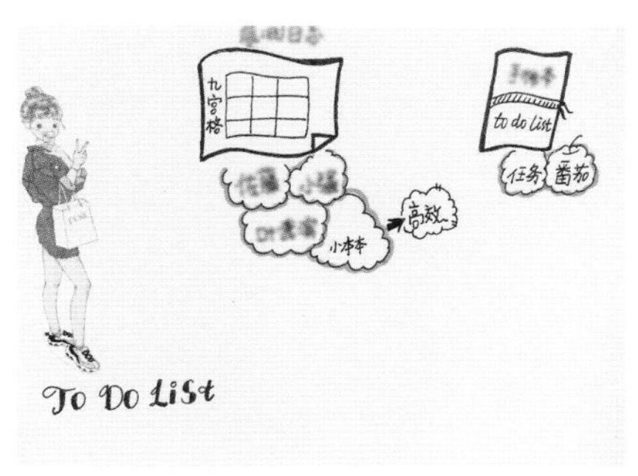

日计划清单

利用日计划清单手账本，每天晚上进行总结，并在后面列出番茄数，一个番茄大概是25分钟，这就是“事件—时间”记录法，其重点关注的是过程。每天对番茄数进行汇总，比如今天得了22个番茄，折算成时间约为10个小时，这些都是有价值的学习时间或者有意义的时间，在做下一周汇总时，就可以比较平均数。假设每天都有7个小时的学习时间，如果下一周变多了，变成了10个小时，说明效率正在提升；如果只有4个小时的学习时间，那就要反思，分析原因。

我开始记录手账的时间是2016年，当初只有两本手账本，比较好掌控和管理。后来，我逐步拥有了几十本手账本，所以难免会漏记或者没有及时记录。这时，我们就需要整理手账。有哪些手账本需要整理，都可以写下来，这样会比较清晰明了。我们还需要根据记录的内容，选择合适的手账本。

我的反思日志一开始用的是正能历，后来选择了复盘本。

反思之后，可以制作成长手册。成长手册里的内容应该是已

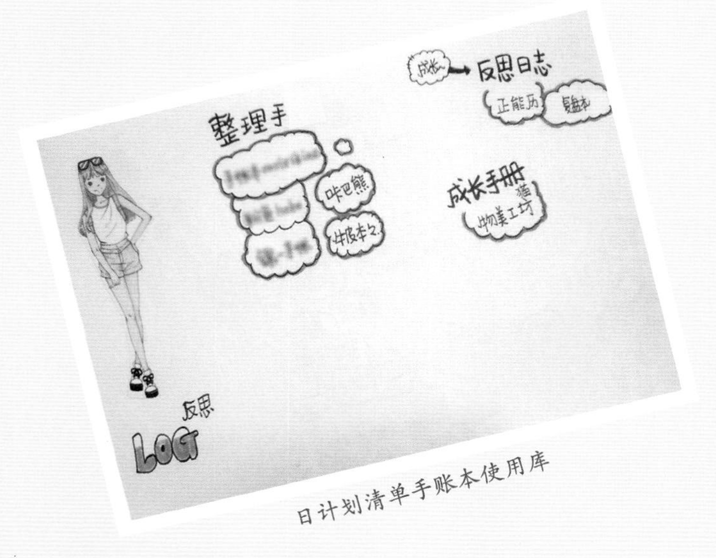

日计划清单手账本使用库

经做的、正在进行的、将来要做的内容，反思与成长相辅相成。

从反思中找出原则。原则是我们的行动指南，是可以直接拿来用的。每个人都要有自己的原则，用这些原则去指导自己的学习、工作、生活等。我们可以用简洁明了的文字提炼有价值的信息，也可以用一些特殊符号或数字去快速记录，让自己从忙碌中抽身片刻，时刻用这些原则警醒自己。当某个原则已经融入日常，我们便可以增加新原则。

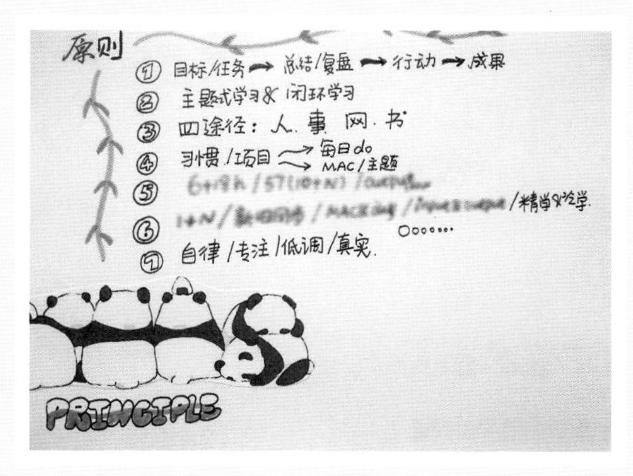

原则清单

★个人管理

事物管理很重要，若没有及时整理事物，混乱感就会充斥生活。例如手机、电脑、书桌、书柜、衣柜、U盘，还有一些旧的小本本……东西太多了，太混乱了。这时，可以把需要整理的项目列出来，然后每周完成一部分，逐步整理好，这样既不会很累，也完成了整理。

时间管理是个人管理的一部分。从2016年开始，我就时常碰到在学习过程中时间不够用的问题。于是，我花了大量的时间学

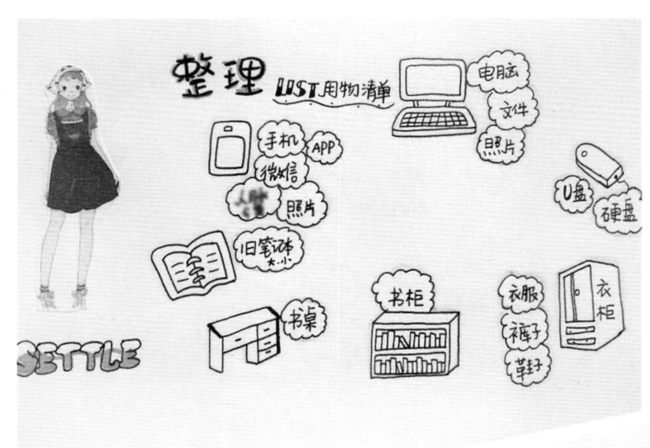

整理清单库

时间管理学习库

习时间管理方面的课程，并结合自己的情况，形成了一套适合自己的时间管理方案。对于不同的人群，需要不同的时间管理模式，不能照搬照抄，要在学习中结合个性化的特点，并不断实践，形成适合自己的时间管理方法。

打卡项目，可以统计半年或者一年的数据。中途放弃的项目，可以用贴纸贴上，这样既不影响整个画面，也形成了一点独特的视觉效果。

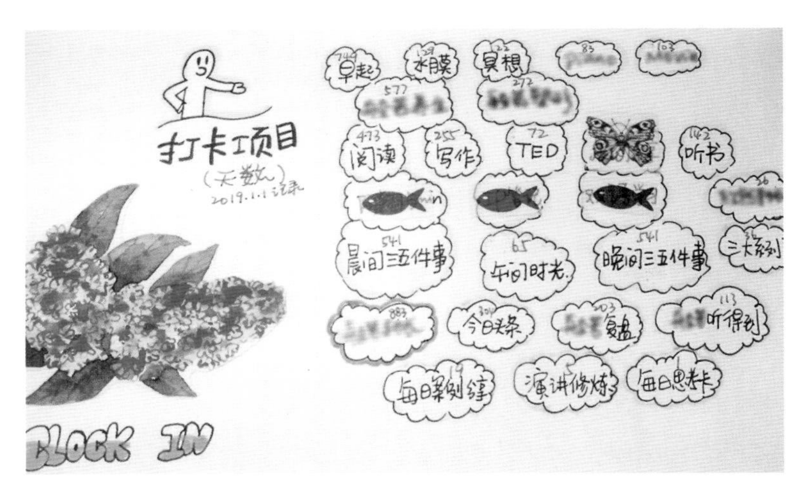

打卡清单库

★学习技能

学习技能可以通过阅读实现。阅读的途径日益多样化，比如购买的图书、家中放在书架上的图书、去图书馆借阅的图书，还有电子书等。于是，我把阅读的来源都画出来，便于查找。我之前制定了一个“读完1000本书”的目标，现在已经完成了750多本，而且我阅读的是各种题材的图书，所以我把题材也做了一个汇总，并写在成长手册里，查找起来就非常方便。

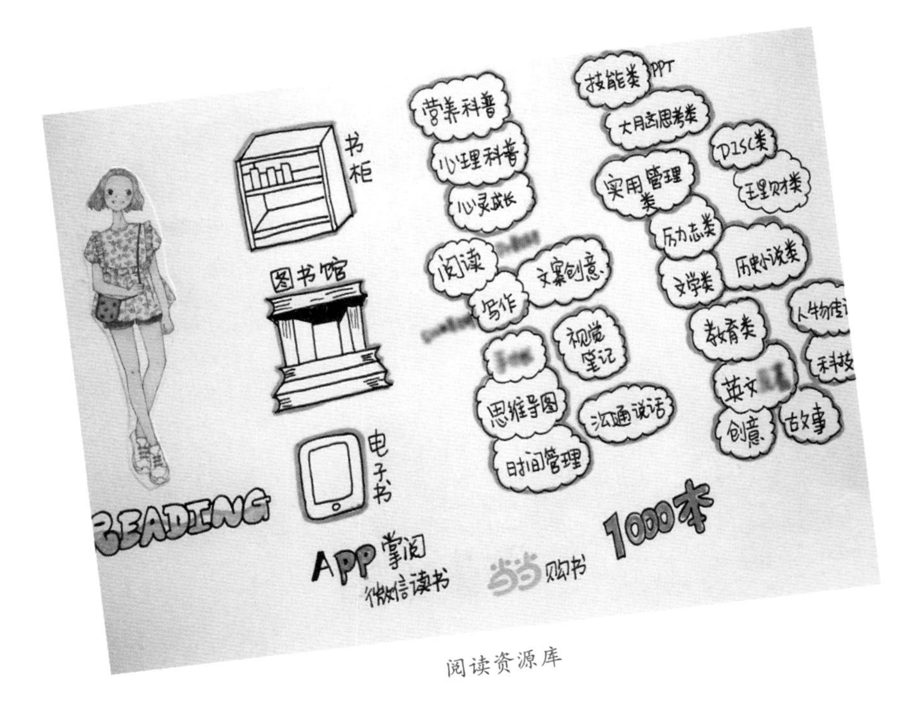

阅读资源库

写成长手册的目的就是做一个指引，让我们在做任何事情的时候都有一个很确定性的画布。举个例子，在图书馆，你想借阅图书，就会按照不同类别去寻找，假如图书馆的图书是杂乱无章地放在那儿，你想找出其中的一本，那简直是比登天还难。成长手册可以陪伴我们一辈子，希望未来你翻阅成长手册的时候，觉得自己的人生没有白过，会发出“其实我的人生还是很精彩的”感叹。

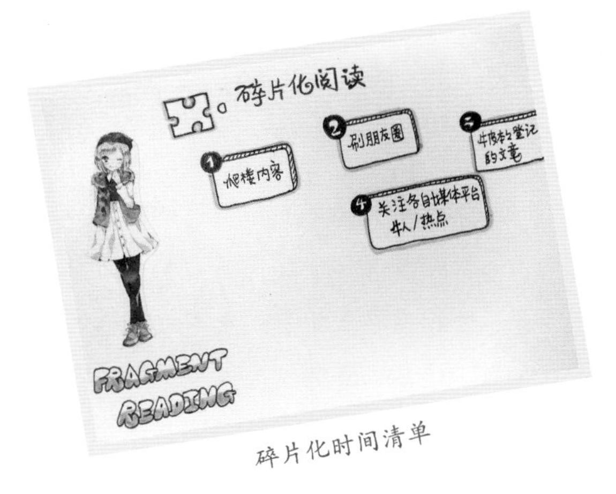

碎片化时间清单

如果没有整块的阅读时间，可以把碎片化的时间利用起来，把一些琐事放在排队或者等车的时候去完成，把挤出来的时间集中一下做阅读，也可以利用一些碎片化的时间做短阅读。我们平时可以做一个统计，一分钟可以做什么，三分钟、五分钟可以做什么。如一分钟可以刷个朋友圈，三分钟可以读一篇短文，五分钟可以看一下微信社群。我们只有把所有的细节都写清楚、列下来，做成成长手册，把碎片化的时间利用起来，才能进一步充实我们的生活。

思考是我们提升的重要方法。在现代社会，网络发达，搜索

思考清单库

工具便捷，于是我们每次遇到问题时，不是停下来好好思考，而是选择直接去搜索答案。为了解决这一问题，我通过两种方式进行思考：一种是自问自答；一种是回答一些平台上的问题。在平台上回答问题，既可以锻炼自己的思考能力，同时也可以帮助其他人。很多平台都有“回答”这个板块，可以根据自己的知识储备去回答。此外，我每天在群里给群员出“每日一思”题，很高兴看到大家从一开始的不知道说些什么，不知道思考些什么，到现在很多伙伴的思考内容都变得很深刻了。

思考是可以练习的。做这个练习，在短期内可能看不到效果或者收益，但是如果能坚持思考一年，你就会发现，你的思维、格局都有明显提升。2016年下半年，我开始做每日思考的练习，后来签约百度平台，也需要每天做一些思考练习。我本人比较内向，不太爱说话，而且上台会很紧张，根本说不出话来，通过反思原因，还是自己的思考力不行。但是，现在我能够即兴演讲。这样的突破与我的思考练习是密不可分的。

写作力是一个比较重要的能力，写作力的提升对我们大有裨益。不管你是创作文案还是写文章发布在平台上，都需要写作功底。如果只是学了一些写作方面的技巧，而不动笔，就不会有任何效果。所以，首先要动笔写，在写作过程中，不断消化吸收更多的技能。我们要写读者想看的文字，写自己的语言，写自己的亲身经历和感悟等，这样才能写出用心的文章。发表也是写作的动力。如果我们只是默默地写，其他人都看不到，得不到认可，那就很难坚持下去。如果能够在一些平台上发表自己的文章，帮助到别人，或者收到别人的鼓励，那写作的动力就会很强。最初我是在简书平台上发布自己的读书笔记，后面也写了很多课程复盘内容，写了自己在学习、工作等过程中的所思所悟，写了每个月的总结复盘，以及每年的成长记录等。目前，我还在平台上不断输出我的点点滴滴。

写作力训练清单

演讲力是我们需要掌握的技能。一场好的演讲是能振奋人心、引起大家共鸣的。一位名人在一次分享中提到，如果你没有想好学习什么技能，可以从演讲开始，大家都看过相关内容，虽然不长，但是每一个演讲者的演讲都是震撼人心的，他们没讲大道理，都是从一个小小的故事切入。如果你在演讲的过程中，能加入一些独特的故事，或是你自己亲身经历的一些事情，也是能打动别人的。

演讲资源库

演讲是一个不错的输出方式，一场精彩的演讲可以分为两种：一种是提前写好稿子并做好准备，一种是即兴演讲。我之前也学过一些演讲方面的技巧，这些技巧只会为你的演讲增添色彩，但是想要打动别人，一定要会讲故事，要讲真正触动人心的内容。

艺术笔记类型库

艺术笔记是一种学习方式的创造力呈现。艺术笔记的形式有多种，如思维导图、手账笔记、视觉笔记、康奈尔笔记等。我会根据不同的课程或者不同的内容选择相应的笔记，因为每一种笔记都有其自己的特点，需要结合起来运用这些笔记。我有一些手账本是专门用来做艺术笔记的，有方格内页、空白内页等。

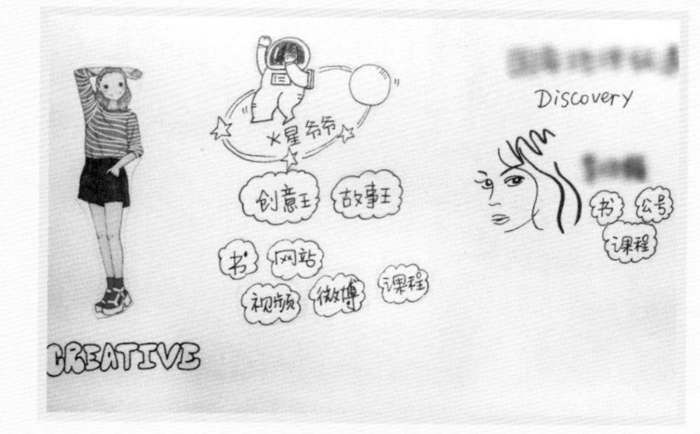

创新力宝库

创新能力是一个不容忽视的技能。这种创新不是说要有大的发明创造，只要有突破就算是创新。比如我喜欢绘画，又喜欢思维导图，把绘画和思维导图进行结合，这也算创新。

得益于互联网的发达，我们的学习成长资源很丰富，可以通过多种渠道获得大量知识的输入，如读万卷书、行万里路；通过阅读、游学等进行知识输入；还可以通过以人为师计划，实现自己的跃迁。每个行业每个领域都会有专家，我们可以阅读他们的相关著作、聆听他们的讲座课程等，如果有机会还可以进行一对一的咨询，从而解决困惑。

★教育

作为父母，当然希望孩子不仅仅在学习方面优秀，更希望

教育培养方法库

他们在做人做事方面有很好的表现。那我们应该用什么方法去教育他们？教育方法有很多，如果让你一项一项去记忆和筛选，你可能会变得很烦躁。我选择把好的教育方法都列下来，做成成长手册。随着项目的增加，可以在云朵框里添加一些其他项目。这样列出来就会发现选择容易了很多，方法也会更优化，比如你把孩子的兴趣班写下来，从周一排到周日，就会找到问题——太多了。

★输出

做课程是输出的一种重要方式。可以做课程输出的平台很多，如何进行课程输出呢？

首先，把你想分享的主题都列下来，当你看到这些主题时，就知道了自己的学习方向，然后在平日的学习过程中就会去收集这方面的素材，这就是用输出倒逼输入。

其次，找好录课工具。记得我在2016年上课的时候，并没有用到录课工具，只是在微信群里上课。不久后发现，很多录好的课程都打不开了。后来，我找到了千聊这个工具，通过它，我的课程可以很好地保留下来，并很容易转发。当某些人有某方面困惑的时候，我可以把课程或者录制的相关内容发送给他们。现在的录课平台越来越多，我们都可以去尝试，尽量找到适合承载自己成果的平台。

在头条平台上，可以发布一些文章、做一些问答，还可以发布一些微头条——像朋友圈一样，写一些感悟然后配几张图片。

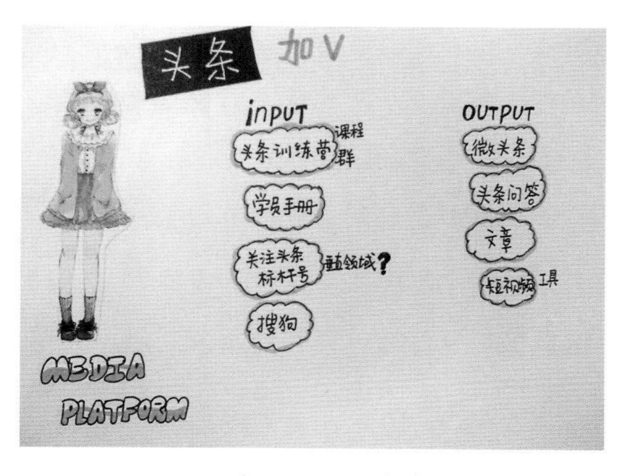

头条平台闭环清单

此外，也可以制作一些视频发布在视频平台上。现在是短视频的时代，可以尝试做一些视频，针对不同平台的特性发布不同的视频。

录制音频或视频平台库

在喜马拉雅平台上，可以成为一个小主播，把一些感兴趣的内容录制成音频，聚沙成塔，最后成为自己独特的作品集。

★工作及工作外成长

工作方面，成长手册的作用也不容忽视。一般情况下，工作会占据较多时间，所以我们把工作事项列清楚以后，就能够看出哪些时间会对工作有帮助。这里所说的工作是相对固定的，如果你的工作灵活性比较大，那可能不太好用。

假如你选择的工作，正是你要学习的一些技能，那么你可以在工作中磨练；如果你选择的工作跟你现在的技能差距比较大，那么你也要沉下心来去完成，因为这是其他学习、投资的保障。有时候，在工作中可能会产生一些灵感，比如有个人曾经在石油公司上班，但他现在是一个新媒体的运营人，同时也是畅销书作家。

除了日常工作外，你可能还有8小时外的工作，把它们一一列出来，完成后就在小框里打上钩。如果8小时外的工作比较多，可以分几个月去写，同时标上一些序列数字，记录的条目越多，说明你在成长，在不断地输出成果。在制作8小时外的工作手账

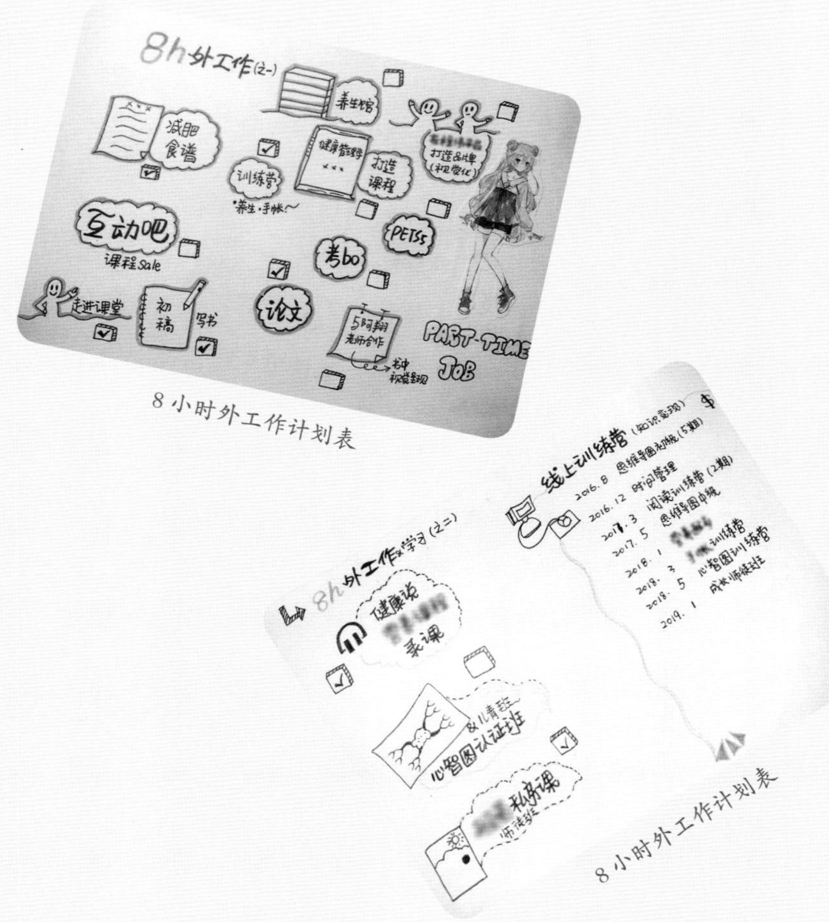

8小时外工作计划表

8小时外工作计划表

时，可以稍微留点空白。有了手账，你会不定期地去翻阅，就会树立信念，更加坚定地要把这些事情做好。在实现的过程中，你可能会发现，由于某些原因，一些工作没有完成，那也没有关系，可以正常保留在手账本上，空白页可以用贴纸贴上。

★梦想

每个人都有自己的梦想，把梦想写下来，是为了把梦想落地，一小步一小步地去实现。坚持努力，梦想就有可能成为现实。假设你的梦想是出书，那就勇敢地写下来。首先，确定写作的主题；其次，开始记录，记录与主题相关的灵感和想法；再次，在平时的生活、学习过程中，收集大量的素材。

我的榜样萌姐，每年都出一本书，每天4:30起床，都是利用早起的时间去阅读写作，在第6本书完成时候她才成为畅销书作家，也就是说前面写的5本书大家都不太熟知。如果换成其他人，可能早就放弃了，但萌姐一直在坚持写作。

有人曾经问过一位畅销书作家“如何才能成为畅销书作家”，这位作家回复：“你要写出第4本书。”这是什么意思呢？也就是说，一个人在写完第3本书的时候，如果他放弃了，那他可能永远也成不了畅销书作家。

把每一件想做的事情制作成图或者剪贴一些图形，真切感受这种视觉冲击，有助于你在未来的时间里坚定自己的目标，去实现自己的梦想。

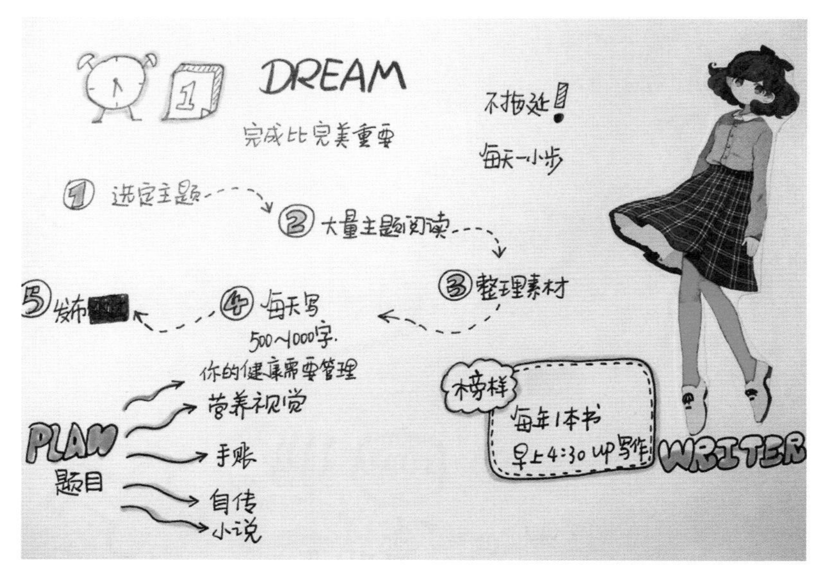

写作梦想步骤图

★学习

下面介绍两个我常用的学习平台。

第一个是樊登读书会，其是大家比较熟悉的读书平台。平台有两类图书，一类是经典图书，一类是最新图书。我于2016

听书库

年开始听书，坚持听了7年。现在听书已经成为一种习惯。听完后觉得比较好的书，我还要去借或者去买，反复阅读。

第二个是得到，平台内容每天都会更新。我在得到平台上坚持学习，由于平台内容量比较庞大，我当初没有跟上节奏，囤了很多课。自从用手账进行管理后，把这些课程列入了自己的囤课清单，现在基本上已经完成了。

学习平台课程清单

学习平台囤课清单

★个人成长精进

每个人都希望找到自己的人生使命，如果做一些擅长的、喜欢的，又有价值的事情，那是很多人梦寐以求的。我在学习和生活中，找到了自己的使命——专注于健康和教育领域，比如营养、心理、运动、思维导图、手账、视觉呈现、阅读、写作、DISC、创业、自媒体、创新。每个领域又可以细分很多内容，为了让大脑解放出来，就用手账记录下来，提醒自己需要做什么，可以在哪个渠道获得信息，从而做到心中有数，忙而不乱。

5.1.2 十五宫格

这是我在九宫格的基础上进行的升级，因为九宫格放不下一年的规划。如果是初学者，可以先从九宫格设定一年的规划，在工作事业、健康管理、个人成长、人际关系、财务自由、兴趣爱好、微习惯挑战、家庭生活、挑战突破等方面设定任务。

我的十五宫格从十五个维度为自己设定了任务。

我们从这些维度设定目标、任务，就可以把目标、任务拆解到每月规划中，从而有利于执行这些任务。宫格设计也是有讲究的，一共有三层，最下面一层是基石，比如健康、人际关系、爱好、财务状况等；最高层是挑战，如果挑战成功就会大有收获；中间层是日常的一些项目。

十五宫格

有了这个规划表，我们可以很清晰地看到自己一年内需要做的事情，并可以量化成具体的数字，为实现目标做准备。

5.1.3 月度计划

月度计划是为实现年度目标做准备的，目前我有27个内页月度计划，把要做的事情全部写下来，完成了就打钩，没有完成就打叉。

月初是规划，月底是总结复盘。

5.1.4 晨间日志

晨间日志相当于每日任务规划，把每个月要做的事情继续拆解，用每天去落地。晨间日志一般分为目标、计划清单、时间表。在此基础上，我做了一些改进，如增加了时间存款、时刻提醒自己的金句、每天要完成的事项等。

很多人都知道四象限法则——重要不紧急、重要紧急、不重要紧急、不重要不紧急，却很少有人能应用。有些人年初制订了满满的计划，年底却发现什么都没有完成。究其原因，大部分人都是在不重要紧急、不重要不紧急的事情上花费了太多时间，如每天忙于琐事、杂事、刷视频等，有意义的事情却没有时间去做。因此，为了能够清晰看到自己每天的成长，我们可以在晨间日志的计划清单前面用不同的颜色标注这四象限，即重要不紧急（红色），重要紧急（绿色），不重要紧急（蓝色），不重要不紧急（黑色）。这样便可以一目了然。我每天都是先把红色、绿色的任务完成，这样无形中就会督促自己更好地成长。这样，当一年结束时，就会收获满满。

5.1.5 小本本

可以制作一个小本本手账，用来记录自己近期需要完成的任务，或者要做的琐事。一件件列出来，然后一件件去完成。这样你就知道自己还有多少任务要完成。当做好一件事情并打钩时，你会很有成就感。慢慢的，你的意志力就会提升。

5.1.6 十二大项目

经过多年学习，我筛选出了今后需要继续精进的十二大项目，这些项目与我的人生目标休戚相关，具体包括营养、瑜伽、思维导图、视觉呈现、手账、阅读、写作、自媒体、创新等。

这十二大项目可以用两个维度来评估及执行。第一个维度，部分项目必须做出成绩，能够达到行业的前10%或前50%，不同的项目制定不同的要求，但需要量化。第二个维度，每个项目中还会由一系列子项目或下一级项目来实现量化目标，这就需要超预期交付（可以计划120分，但实际情况可能只达到100分）。

当然，你也可以根据自己的实际情况制定需要精进的项目，根据人生蓝图制定需要修炼的本领。

5.1.7 坚持项目

把坚持项目用不同的颜色标出，比如绿色是坚持下来的，红色是这个月没有做的。

坚持项目，频次也是不同的，有些是每天打卡，有些是每周打卡，有些是随机打卡。

初期可以先坚持一个项目，如早起。当早起坚持了100天以后，

瑜伽习练室

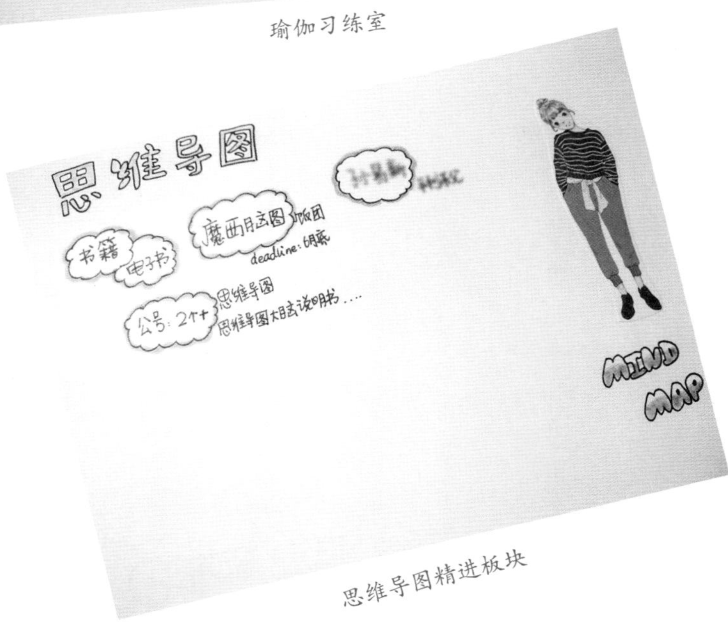

思维导图精进板块

可以慢慢增加1~2个项目，但一定要结合自己的时间、精力去增加。当增加项目也坚持得不错了，再添加新项目，如此往复，坚持的项目就像滚雪球一样越来越大。

项目增多后，可以区分重要和次要，先完成重要的项目。有些项目由于工作等原因不能按时完成，可以先标注出来，当时间充裕了，再继续接着做。

5.2 三大工具让你更好地管理时间和精力

三大工具具体指：白三＋晚三，万宝箱，整理工具。

★白三＋晚三

白三是起始手账工具，即白天的三项重要工具。第一是每天起床后开始写晨间日志（手账本）；第二是用小本本写琐事清单、灵感及随手记；第三是用手机里的备忘录记录事项。当我们突然有了一些灵感，或记起某些事情，却没有纸笔的时候，可以用手机进行记录，避免没有及时记录而遗忘。

晚三表示睡前的三项重要工具。第一是手账本，做手账整理工作，把当天完成的任务记录下来，并把当天所有能写下来的都写在手账本中。第二是课程登记本，把当天学的所有课程等都登记下来。第三是随手记及灵感本，把当天在小本本上或手机备忘录中记录的内容都记录在上面，如果是关于灵感的内容，可以用1、2、3等写下来；如果是一些最近不需要完成但后期要完成的任务，那我们可以在前面画上方框，进行标注。

★万宝箱

这个灵感来自动画片《哆啦A梦》里的百宝箱，每当大熊遇到困难时，机器猫就会从肚兜里拿出一个解决问题的"宝贝"——一个工具，我们可以把这个工具想象成一个锦囊。

一个人解决问题的能力越强，也就是拥有相应的硬本领，就越受人欢迎。刚开始，如果不知道自己需要学习什么硬本领，就可以考虑百宝箱；或者如果囤积了一堆任务，不知道如何完成，也可以建立百宝箱。若一百个箱子都不能装下这些任务，就需要打造万宝箱，即一万个箱子。每个箱子外面就是项目或想要打造的硬本领。

阅读修炼

比如打造阅读硬本领：

①知识层面。需要学习阅读的一系列方法。

②行动层面。7天挑战一本书，完成一篇书评。成功后，100天完成30本书，同时完成30篇书评。挑战成功后，365天完成100本书，同时完成100篇书评。如果三个阶段有一个没有挑战

成功，就需要重新开始。

③知识转化层面。把自己所有的学习及行动经验做成课程进行分享或自己招募一群人一起阅读，并设计各种阅读玩法。如果是一个要完成的项目，也可以这么设计。

比如运营视频号：

①知识层面。学习或阅读视频号基本运营方法，学习拍摄方法，学习直播事项等。

②行动层面。可以做成游戏方式，给自己一些任务挑战，比如100天内日更视频或一周一条视频作品，100天固定时间视频号直播，写直播复盘等。

③转化层面。在做直播或其他过程中，注意把公域流量转变为私域流量，把粉丝加入微信群，集中管理。

④模式化或清单化。制作直播清单，或称为直播脚本，即直播前做什么准备工作，直播中需要用到什么工具，直播后私信粉丝等。同时，每次需要进行优化。这样，在以后的直播中就会大大提升效率。

大家可以举一反三去实践，根据自己目前手中要做的项目、想要修炼的硬本领去设计、去搭建。注意一定是一个箱子做一件事情，不要混起来。

具体制作的工具，我们可以采用手写手账或电子手账，如Mori手账等。

★整理工具

现在互联网教育非常普遍，我们可能在不同平台买了很多课程，买完之后又发现没有时间完成。

这时，我们可以利用工具来解决这个问题。第一步就要用到整理工具——Excel。首先可以从两个维度梳理自己目前到底有多少课程：一个维度是按照时间顺序，如2016年、2017年、2018年购买的课程，1月、2月、3月购买的课程等；另一个维度是按照平台梳理，即在这个平台有哪些课程，每个课程的具体数目等，都需要列出。

这么庞大的体系如何完成？

第一步，了解课程分类。第一类是没有回看功能的课程，如用视频号、腾讯会议等工具的课程；第二类是即将新开的单课、系列课或临时课程，有回看；第三类是之前的单课或系列课，有回看；第四类是之前到现在固定更新的课程，有回看。

第二步，用到手账内页中的围课大作战，把当月要学习的课程登记在上面。

第三步，把需要听的课程安排到晨间日志中，这里可以是不能回看的新课内容，也可以是围课大作战中的课程。

对于这么多课程，尤其是临时增加的新课如何及时登记，我们可以在晨间日志本上准备一个便利贴，有课便及时记录。同时，在电脑上做好整理工作，对于新增加的课程、已经完成的课程，可以用不同的颜色标注。

6

手账拍摄篇

写手账都有个人特色，即使使用同样的工具，不同的人写出的手账也是不一样的，所以说自己书写出来的手账绝对是独一无二的，而且手账本里的每一页都是自己的创意和想法，一定要拍照记录啊。

我之前曾经有过这样的疑惑，明明是好看的排版和书写，为什么拍出来后，完全呈现不出手账的美？而在网络上看到的某些手账图片，都非常赏心悦目。

后来我才知道，网络上展现出来的手账图片大多数都经过了后期调整，即对光线、构图等进行了调整。

调整前

调整后

6.1 基本条件——光线

在不同的光线下，拍出来的图片也不一样。

在光线严重不足的情况下拍出来的图片，后期再怎么调整也是徒劳。

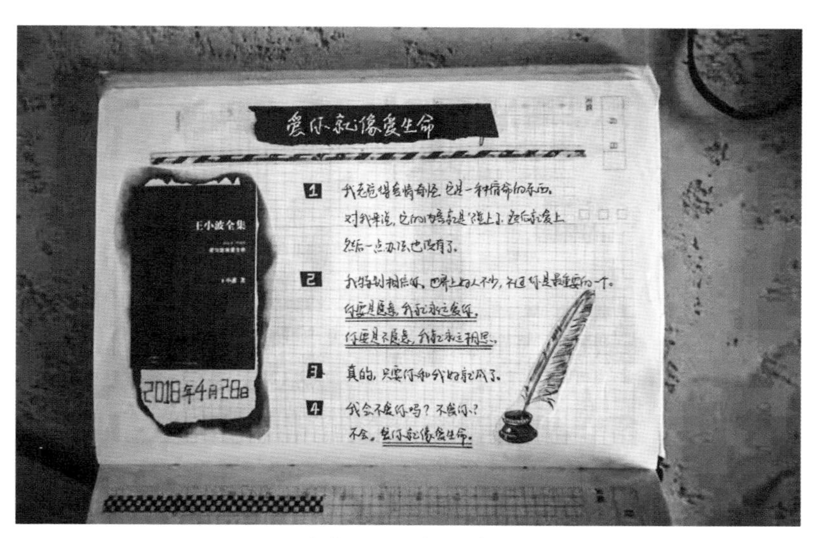

光线不足拍摄的手账

所以，最好在有充足够光线的情况下拍手账。拍摄时，一般选择柔和的自然光。有足够的光线，并不是说要在烈日中拍摄，烈日属于强光，也拍摄不出好的效果。一般情况下，自然光就已经足够了，即使在晚上也能拍，利用好家里的灯就可以了。

6.2 拍摄道具很重要

专业的摄影师拍出的图片都非常好看，那是因为他们在拍照的时候，会善用身边的道具。拍手账也是摄影的一部分，利用好身边的道具，再加上构图，也可以让拍出来的手账成为好看的摄影作品。

★ 中心构图

这种构图的思路就是把手账本放在中心位置，旁边摆放一些

中心构图

道具，这些道具可以是平时写手账用的贴纸、印章、笔，也可以是生活中用到的小物品，图片中的松果就是我在小区里捡的。

★对角线构图

打开手机拍照功能中的“构图线”，在拍照过程中可以参照构图线，把手账本放在正方形的对角线上进行拍照。

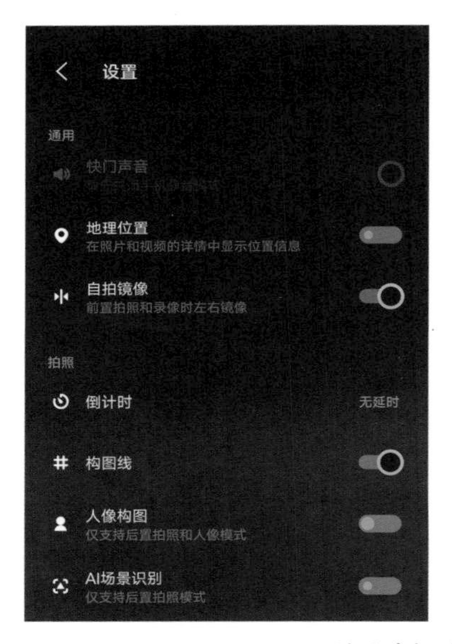

利用手机的构图线拍摄

★角落构图

把手账本放在角落，上下左右都可以，其他地方放一些道具或者直接留白。

有时候我会觉得摆放道具有些麻烦，就在网上购买现成的背景纸。在网上搜索拍照背景纸，就会有很多背景纸供选择。一些背景纸有3D效果，根据上面的构图思路直接拍摄即可。

背景纸

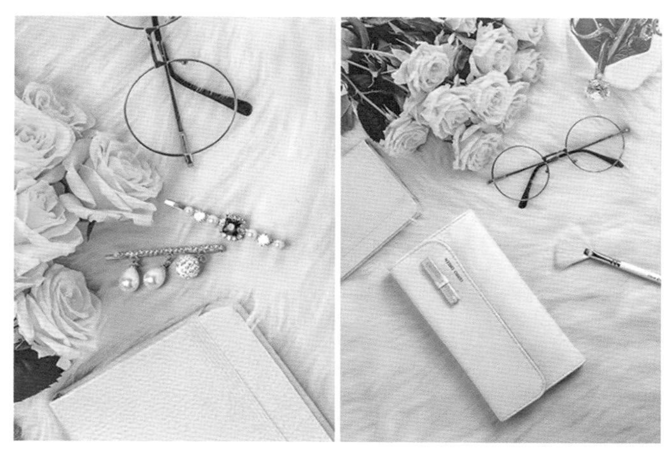

背景纸　　背景纸

把手账本放在左面拍摄

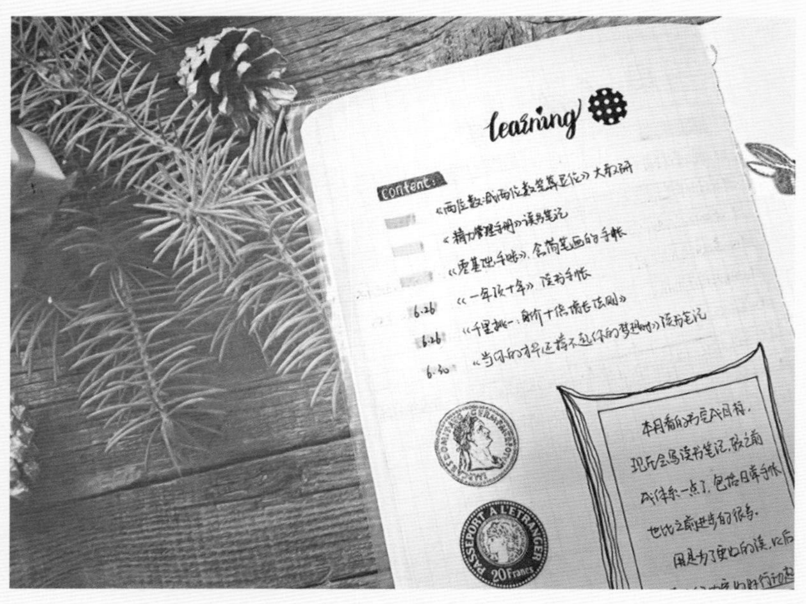

把手账本放在右面拍摄

6.3 室外拍摄技巧

前面的图片都是我平时在室内拍摄的，其实，在室外也可以拍摄。

拿着手账本，举在绿叶丛中或者岩石堆上，拍出来是不是也很好看呢？

在岩石堆上拍摄

在绿叶丛中拍摄

6.4 比拍照更重要的修图

前面提到，网络上展现出来的手账图片大多数都经过了后期调整。修图软件就是调整的工具。现在手机上的修图App有很多，如黄油相机、美图秀秀、轻颜相机等，功能相差不大，选择自己喜欢的就好。添加文字时，我喜欢用黄油相机；选择滤镜时，我通常会用美图秀秀。现在的手机自带的拍摄功能也很强大，可以对照片进行多项设置。

★基本设置调整

打开调节功能，里面有很多项可以调整，如亮度、自然饱和度、对比度、色调等。我一般是先把饱和度调到最低，然后增加亮度，再调整饱和度、对比度，这样修过的照片真实度很高。

★滤镜

调整过的图片可以再增加一层滤镜。我一般会选择美图秀秀来增加滤镜。打开美图秀秀App，在“美图配方”中找到合适的图片，打开后有“使用配方124.5万人”窗口，这种图片已经用了滤镜

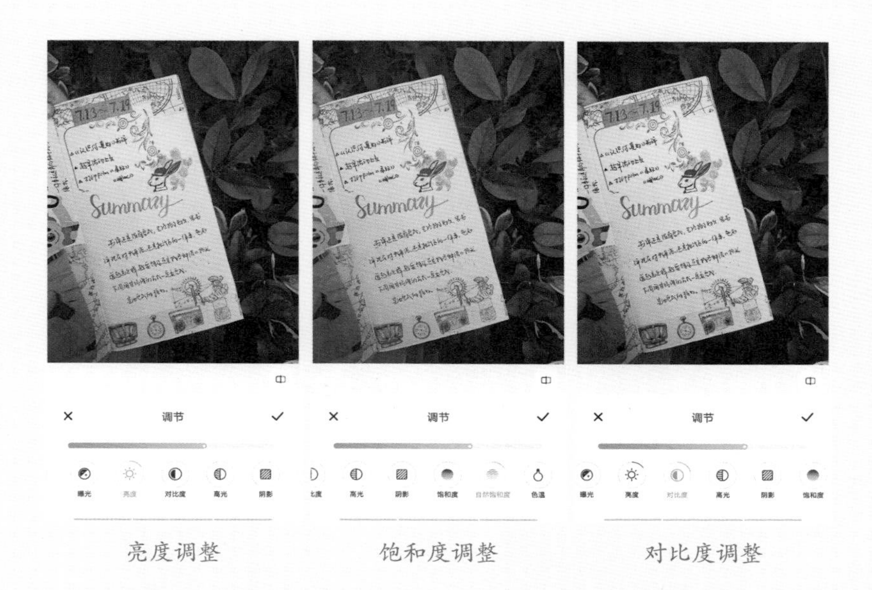

亮度调整　　饱和度调整　　对比度调整

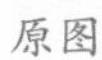
原图

增加滤境后的图片

①点击“美图配方”　②点击喜欢的模板　③添加自己的图片后保存

和文字，直接点击，然后添加自己的图片即可。如果不需要文字，可以直接删掉，最后直接保存就可以了。

后记

五年前，当我第一次知道手账时就爱上了它。上学的时候我很喜欢在本子上写写画画，所以很自然地就接受用手账进行记录。这一写就是五年，五年的时间里，我与手账磨合得非常好，也形成了自己的手账体系——读书手账、日常手账、电影手账、亲子手账、三年日记。

朋友们知道我写手账，问我最多的问题就是，为什么会坚持这么久每天写手账。我想说，不仅仅是之前的五年，以后的日子我还会继续写下去，手账将陪伴我的余生。我要说，手账给我的生活带来翻天覆地的变化。你们会相信吗，我曾在手账本上写下：未来我想出一本关于手账的书。当时觉得是异想天开，现在竟然实现了！果然是写下来的愿望更容易实现，这就是手账的神奇魔力吧！

最重要的是，通过写手账，我改变了自己的生活习惯，戒掉了拖延症，养成了不少好习惯，如读书、运动等。要知道以前的我，只知道买书，很少抽出时间读书。书架上有不少书，可一年读不了几本。用手账开始规划生活后，一年读了近一百本书，这让我倍感鼓舞。这告诉我，想做一件事情或者培养一个好习惯，通过书写手账来规划，是可以实现的。原来的我，下班后躺沙发、刷手机；现在的我，下班后看书、运动、写手账。相信我，我可以做到，你也一定可以。

我想说，与手账相伴的这些年，是非常幸福和美好的。记录下了好多快乐的时光和梦想，手账让快乐时光得以留存，让梦想得以实现，而这些都开始于我用一支笔进行记录。在写手账的过程中，最重要的就是要坚持，只要坚持就能享受到时间创造的快乐财富。

手账于我而言，是记录也是爱好。每天晚上孩子睡着之后，我独自在书房，回忆当天所发生的事和孩子的童言童语，并记录下来，然后贴上喜欢的贴纸或者是孩子的涂鸦。这是我每天最享受的时间，在此过程中得到开心和满足。我每每有时间就翻开手账本，看着之前记录的种种，满心都是欢喜。

如果你问我，到底什么是手账，答案还真不是一两句就能说明白的，希望通过阅读你已经从本书中找到了答案。

我会一如既往地写下去，因为它让我成为更好的自己。未来肯定会更好，有这一点坚持的理由就足够了吧！

杨　姗

2023 年 3 月